JN127201

# ポルシェの生涯
## その時代とクルマ

三石善吉

フェルディナント・ポルシェの誕生
ローナー社／アウストロ・ダイムラー社時代
ダイムラー・モトーレン社からポルシェ事務所独立
ワイマール共和国下でのポルシェ設計事務所時代
ヒトラーの国民車構想計画とＶＷの完成
第二次世界大戦の終焉とポルシェの晩年

グランプリ出版

## 【本書を読むにあたって】

新訂版として刊行した本書に関する経緯を最初にご説明させていただきます。1980年に設立された弊社グランプリ出版は、2010年に新しい体制になりました。新体制でも従来の出版姿勢を守りながら新刊を刊行し、過去に出版された既刊書に関しては、必要に応じて適切な増補や修正などを加え、新訂版として再刊することで読者の方からのご要望に応えています。かなりの期間にわたって品切れていた本書『ポルシェの生涯』も読者の方からの再版のご希望をいただいており、今回もさらなる充実を図ることを念頭に置いて改訂作業を進めることにしました。

本書においては、名称や表記の統一などのほか、内容面での修正に関しては著者のご了解をいただき、修正のご要望をお伺いした上で、それらの作業をすべて編集部で行ないました。

具体的には、本書は海外の文献や関係する論文などを資料として論文形式でまとめられている関係上、例えば車名表記や人物名の表記など、引用した部分などはそのままにしています。また引用した部分に関しても一部に出典の不明確な部分もありますが、編集部では正確と思われる出典先のみを表記することに決め、修正を加えています。

併せてフェルディナント・ポルシェ博士が設計し、第二次世界大戦の前後期間に誕生したフォルクス・ワーゲンは、モデルによって名称が変わっており、編集する際には年代別に名称の統一を図るように配慮しました。ほかにも組織名や会社名など、出典資料によって異なる表記があり、編集部では正確な表記を確認できなかった箇所もありました。この点に関してはご了承いただきたく思います。

フェルディナント・ポルシェ博士によって設立されたポルシェ社は、第二次世界大戦後は911シリーズを主力車種として展開し、世界有数のスポーツカーメーカーに成長しています。その911シリーズは、356シリーズをその源流としていますが、その356シリーズが生み出されるにはフォルクス・ワーゲンは欠くことができない存在です。

本書はフィルデナント・ポルシェ博士の足跡をたどりながら、フォルクス・ワーゲンから356シリーズが世に出されるまでの史実を客観的な記述でまとめられている数少ない書籍であるといえます。その点をご評価いただければ幸いです。

編集部

# 目次

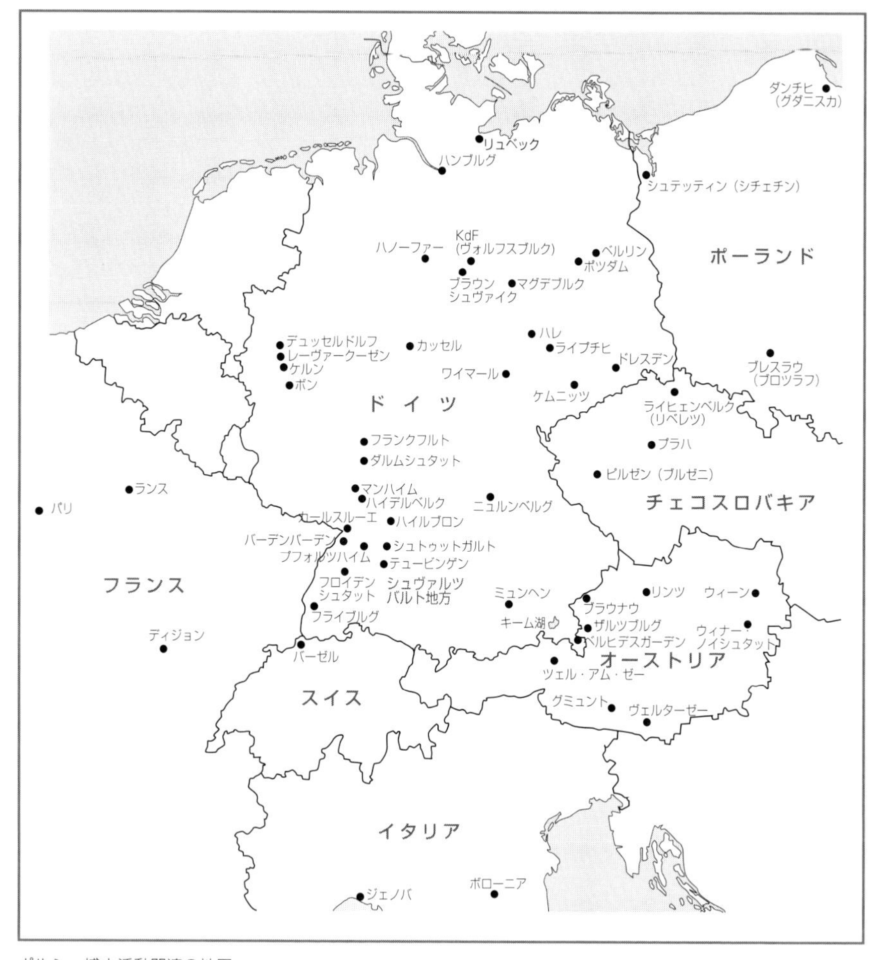

ポルシェ博士活動関連の地図

# 序 工学者ポルシェの特徴と三つの夢

## Porsche〈Leben＋Idee〉

本書は、教授・名誉工学博士フェルディナント・ポルシェの生涯をたどるものであるが、まず、ポルシェの生き様の際立った特質をいくつか取り上げておきたい。

その一は、ポルシェは、19世紀末から20世紀にかけての自動車の戦国時代の、技術開発における一方の雄であったことである。馬に代わる新しい動力として、蒸気、ガソリン、電気といったさまざまな駆動力が将来性を競う中で、ポルシェは自分の経験を生かして、電気および電気とガソリンのハイブリッド動力を考え出す。ガソリン・エンジンが有力視されるようになってきたにもかかわらず、騒音・悪臭もなく静かに走る電気自動車も侮りがたいものがあって、1900年のパリ万博(万国博覧会)で、電気馬車「ローナー・ポルシェ・シェーズ(4輪馬車)」が大いに注目を浴びたのも、この時点では、クルマの駆動力としてどれが最有力候補であるのかまだ確定していなかった、技術的フロンティアの無限に広がる時代であったからだ。この技術の戦国時代の中でポルシェは頭角を現す。

1900年、パリで開かれた万国博覧会に出展され注目を集めたローナー・ポルシェ・シェーズ。前輪のハブモーターで駆動する。

ポルシェの電気馬車とハイブリッド車に注目したのが、アウストロ・ダイムラー社の監査役エミール・イェリネック・メルセデス(呼び名に関しては20頁参照)である。同社社史によると、1906年の条に、日時を示さずに、

ガソリンエンジンで発電し、ハブモーターで駆動したローナー・ポルシェ・ミクステ。ポルシェ自身が運転し、生まれ故郷を訪れたときの写真。

「エミール・イェリネック・メルセデスは、ローナー社から“混成車(ハイブリッド車)の特許権”を買いとり、ウィナー・ノイシュタット(ウィーンの南方50km。アウストロ・ダイムラー社の本拠地)で製造されたこのクルマを世界的に販売するためにメルセデス販売会社を初めとする幾つもの会社を創立した」と。

オーストリア・ハンガリー帝国のニース総領事でもあったイェリネックは、このときアウストロ・ダイムラー社の監査役(1900～1908)をしていたが、電気馬車とハイブリッド車の特許権をローナー社から買い取って、電気馬車〈メルセデス電気自動車〉と、混成動力車〈メルセデス・ハイブリッド〉をアウストロ・ダイムラー社で製造して、「メルセデス販売会社」の世界的ネットワークに乗せて、このクルマを世界的に広めようとしたのである。

社史は、その翌年の1907年に「ハイブリッド・レーシングカー55馬力が製造された」と伝えている。ポルシェとイェリネックは、今日の状況とはまったく異なるが、技術の戦国の雄として、遠い将来を見通す鋭い洞察で、抜きん出ていたといえる。

その二は、ポルシェは組織の中で働くことが苦手であったことである。後に詳しく述べるが、ポルシェは1893年4月(18歳)のときウィーンのベラ・エッガー社に見習い生として入社して以来、ヤーコプ・ローナー社、アウストロ・ダイムラー社、ダイムラー・モトーレン社(後ダイムラー・ベンツ社になる)、そして1930年11月(55歳)にシュタイア・ヴェルケ社の技術部長兼取締役を辞めて独立するまで、37年間に5つの会社を渡り歩き、いずれの会社でも、引き抜かれたり、推薦されて移籍したり、喧嘩別れしたり、波乱万丈である。

これはポルシェが短気ですぐに怒りを爆発させるためであったというより、およそ金銭感覚ゼロの天才的技術者が、最高の作品をつくり出すべく最善の努力を重ねる結果、資金を湯水のように使ってしまうことに対する企業側の反発があった。資金を調達する立場にある監査役会にしてみれば迷惑この上ない話であって、激しい対立を生じ、最終的にはポルシェの辞職ということになる。ポルシェは結局、組織の中では生きられない「一匹狼」であった。ポルシェが55歳になってやっと「人に使われるのは懲り懲り」と独立を図ったのは、やや遅きに失した感があるものの、必然のことではあった。

その三は、ポルシェの「三つの夢 Drei Ideen」についてである。「三つの夢」とは、安価で高性能の小型車、技術的可能性の限界を極めたレーシングカーおよびスポーツカーの開発、農業用トラクターの開発である。『F・ポルシェ―その生涯と作品』を著したポルシェの伝記作家リヒャルト・フォン・フランケンベルクは、ポルシェが自分の「三つの夢」を明確に自覚するのは、1932年訪ソの際のことであったとしている。

The Motor 844 June 7, 1938.

HITLER'S "STRENGTH-THROUGH-JOY" CAR

The clean-cut streamline body style is typical of the latest German practice. It has a rear engine.

(Below) The drop-away bonnet considerably increases the forward visibility, and is especially valuable for manoeuvring in confined spaces.

(Left) Of similar lines to the saloon, this cabriolet affords an effective compromise between the open and fully closed types.

(Below) A touring model, giving full opening, is included in the range of cars to be produced.

LAST week Hitler laid the foundation stone of the new factory where the "People's Car" (to be known as the K.D.F.) is to be made. It will have a 1-litre engine, and streamlined bodywork, the whole job having been conceived by Dr. Porsche, the famous designer and creator of the Auto Union racers. (Other details appear on page 843.)

Hitler, who is planning finance schemes to help the workers buy these cars, has also foreseen the need for garage accommodation. Accordingly representatives have been to this country to inspect the big garages of London and the provinces to see how we meet garage demands.



ポルシェの三つの夢のひとつ、安価で高性能な小型車。1938年、英雑誌『ザ・モーター』で紹介されたKdFワーゲン。

ポルシェの「夢」は、フランケンベルクも指摘するように、自動車工学者として技術の可能性の限界に挑戦したいということである。

このポルシェの「夢」を端的に示す事例が、クルマの「絶対的スピードの限界値はどのくらいか」という問いである。ポルシェの最初のクルマ、1900年の〈ローナー・ポルシェ・シェーズ〉は、2.5馬力、最高速度35km/hを出したが、1938年1月不世出の名ドライバー、ベルント・ローゼマイヤーが不運の事故死を遂げた、ポルシェの開発になる〈アウト・ウニオンPワーゲン〉は、6,300cc、545馬力、最高時速440km/hという驚くべき性能のレーシングカーであった。

しかしポルシェは、クルマのさらなる高速性能を求め、ダイムラー・ベンツ社と顧問契約を結び、同社の高度な技術陣との合作になるハイスピードを求めた〈スーパー・ワーゲン〉の開発を試みる。

このクルマの開発に関する最初の合同会議は1937年7月23日にもたれ、以後何度も開催された。走行実験の場所は、アメリカのユタ州のソールト・レイクと定められた。

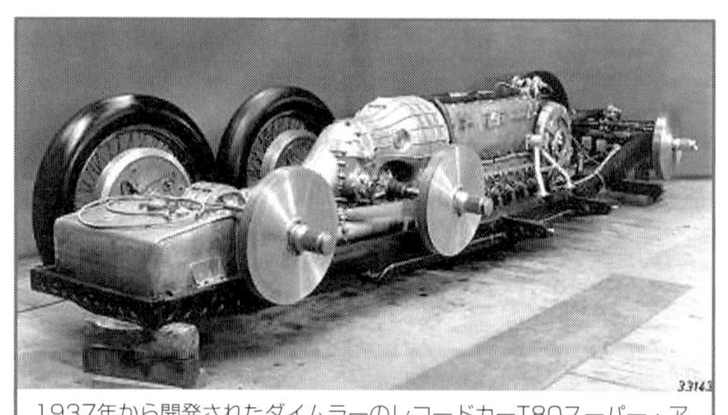

1937年から開発されたダイムラーのレコードカーT80スーパー・アウトモービル。44リッターのエンジンを積んだモンスターマシン。

クルマの名前は〈ポルシェ・ダイムラー・スーパー・アウトモービル〉と呼ばれた。

そのエンジンは、ダイムラー・航空用エンジンDB601型をベースとして、出力は2,500馬力(瞬間馬力3,030)、気筒容量は44,000ccである。総重量2.8トン、全長8.5m、油圧式フットブレーキは全6輪に働いた。

このクルマの最高速度は700km/hに達しうると計算された。しかしながら戦争が始まって、1940年にこの計画は頓挫する。ポルシェは人間と機械がなしうる極限を求めていたのである。

技術の限界を追求するポルシェにとって、〈フォルクス・ワーゲン〉計画も格好の素材となった。つまり、1933年9月末、ヒトラーの「1,000cc、1,000マルク以下の堅牢な大衆車をつくれるか」との「挑発」に「挑戦」して、〈フォルクス・ワーゲン〉製作にのめりこむのも、〈スーパー・アウトモービル〉の場合と同じように、価格と技術の限界を追求するものであった。

その四は、ナチス時代のポルシェは、「平服を着た精神的抵抗者」であったことである。ナチス期におけるポルシェを、本書では、ヒトラーの政治権力とポルシェの〈フォルクス・ワーゲン〉開発との関係、つまり「工学のアルカディア」と「技術のユートピア」との対抗関係で、考察しようとするものである。

「アルカディア」とは、ギリシャのペロポネソス半島の山中にあるヨーロッパ人の伝統的な田園の理想郷のことで、「工学のアルカディア」とは、自己の存在証明である「工学」の専門領域へと沈潜することによって、政治権力を無視し、抵抗するという精神的態度を示す。また、「技術のユートピア」とは、時の政治権力が諸々の分野の最高の技術を集積して、おのれの構想する統治理念に合致した「ユートピア・理想郷」をつくり出そうとする「統治の技術」を指すものとする。

ナチス時代という極めて異常な時代に巡り合わせた天才的な自動車設計家フェルディナント・ポルシェは、常に「平服」をまといナチス政治権力と距離を置いていたにもかかわらず、自己の工学的専門領域の仕事に没頭することによって、逆に政治権力側に操作されて、「技術のユートピア」に取り込まれてしまう、という逆説的な事態が発生した。

一流の天才と呼べる人たちは、自己の精神的な故郷である専門領域(アルカディア)に浸りきることで、権力を無視し、権力に抵抗するという事態を生み出す。このアンヴィヴァレントな心理状態が、ポルシェの「工学のアルカディア」と、ヒトラーの描く「技術のユートピア」との基本的な対抗関係に他ならない。

最後は、ドイツ車とアウトバーンとの関係である。自動車は最先端のテクノロジーを集積した新しい芸術作品であり、1909年、イタリアの詩人フィリッポ・トンマーゾ・マリネッティは「未来派宣言」の第4条で、

> 「われわれは世界の華麗なるものに、もう一つの新しい美が加わったと宣言する。それは速度の美である。ボンネットで覆われ、大きな排気管で飾られて、毒蛇のように爆発的な息を吐きつつ疾走するレーシングカー、マシンガンから出た弾丸のように飛翔するレーシングカーは、サモトラケの勝利の女神よりも美しい」

と宣言している。

この「速度の美」を可能にするのは、人が歩き、馬車が走り、子供たちが遊ぶ牧歌的な曲がりくねった、細い道路ではなくて、自動車の交通のみを目的とする道路の建設である。エンジンの騒音におびえる馬(馬車)と自動車の衝突事故は、早くも世紀末から20世紀の初頭に頻発し、「道路は誰のものか」と大きな社会問題となっていた。ドイツにおいては、自動車専用道路の建設は1913年から始められるが、ワイマール時代には、鉄道があり自動車産業が未熟であったことから、非生産的と見なされて進展しなかった。

この計画を復活させたのがヒトラーであって、ヴィルフリート・バーデ(ヒトラー政権時代の報道担当官)の言葉によれば、神殿や聖堂やピラミッドのように「今建設されようとしているのは単なる道路ではなく、芸術作品に他ならない」と。

こうして「速度の美」は「アウトバーン」・「道路の美」によって、さらに加速されることになった。ドイツのクルマは、この速度無制限のアウトバーンの存在によって、鍛えられ洗練され、高い技術的水準を備えることになった。まさにアウトバーン無くしてドイツ車無しなのである。本書で、ポルシェから離れるが、アウトバーンについて一章を設けたゆえんである。

# 第1章 ポルシェ、青年期の活動

## オーストリア・ハンガリー帝国期 〈Lohner-Porsche〉+〈Maja〉

フェルディナント・ポルシェは1875年9月3日、オーストリア・ハンガリー帝国(1867～1918)のベーメン(ボヘミア)王国の小さな村マッフェルスドルフ(プラハの北北東約60km)に生まれた。また、アドルフ・ヒトラーは1889年4月20日、同帝国のオーストリア王国、オーベルエスターライヒのブラウナウ・アム・インに生まれているから、ポルシェとは、生まれは同国人ということになる。

### ■オーストリア・ハンガリー帝国

この帝国は現在のチェコ・スロヴァキア・ハンガリー・オーストリア・ルーマニアの一部・旧ユーゴスラビアの一部・イタリアの一部・ロシアの一部・ポーランドの一部などを含み、ドイツ帝国・ロシア帝国と対峙したハプスブルク家の巨大帝国である。

オーストリア帝国領として、ベーメン王国(プラハ)・下オーストリア王国(ウィーン)・上オーストリア王国(リンツ)などの王国、およびハンガリー王国領として、ハンガリー王国(ブダペスト)・ボスニア・ヘルツェゴビナ王国(サライェボ)など、全18の行政区分からなり、軍事・外交・財政のみを共有し、その他はオーストリアとハンガリーの二つの政府が独自の政治を行った「同君連合国家」、通称「オーストリア・ハンガリー二重帝国」である。

民族的にはドイツ人24%・ハンガリー人20%・チェコ人13%・ポーランド人10%・ウクライナ人8%・ルーマニア人6%など、公用語はドイツ語・ハンガリー語、宗教はカトリックとイスラム教からなる多民族国家である。

民族構成から見て、明らかにドイツ系のオーストリア皇帝とハンガリー系のハンガリー王国との妥協の産物であり、「諸民族の牢獄」とか「遅れた封建体制国家」などと断罪する説もあるが、ヨーゼフ1世(在位1867～1916)の69年に及ぶ長い治世の間、文化と経済は発展を見て、国民に信頼され、かつ混沌としたこの地域を統合し、民族は違えども帝国内を自由に往来し、第一次世界大戦では「帝国臣民」としてともに戦った、という点を高く評価する向きもある。確かにこのオーストリア・ハンガリー帝国は人種と宗教を超えて、多民族の共存する国家統合の一つの形態を示しており、「帝国」・「多文化主義」という今日的視点から、極めて興味ある事例なのである。

## ■ズデーテン・ラント

今日のチェコ共和国は、ドイツとエルツ山脈およびボヘミアの森で区切られ、ポーランドとズデーテン山地で国境を形成している。11世紀ころからドイツ人の東方移植が始まり、ポーランドとチェコの一部を含むシュレージェン、チェコのベーメン(ボヘミア)とメーレン(モラヴィア)のドイツ国境周辺地域に集中した。

ズデーテン地方は、元来、ポーランド国境のズデーテン山地のチェコ側の領域を指すが、20世紀の前半期に至って、拡大されてベーメン、メーレンのドイツ人居住地域をも指すようになり、一括してズデーテン・ラントと呼ばれ、またこの地域に定住するドイツ人をズデーテン・ドイツ人と呼ぶようになった。

15世紀から17世紀にかけて、スラヴ系のポルシェ姓がドイツ人家族に取り入れられていたが、これはフェルディナント・ポルシェ家とは関わりないようである。

フェルディナント・ポルシェの一族は、伝記によれば、高祖父の時代にまで遡ることができるようであって、この一族はライヒェンベルク[1)]地方に定着しており、役場の洗礼台帳が残っていたことによって、居住地や職業まで明らかにすることができるという。ポルシェ一家の住むライヒェンベルク地方もこのズデーテン・ラントに入るから、ポルシェ一家はドイツ語を話すズデーテン・ドイツ人ということになる。

旧ベーメン王国マッフェルスドルフ村(後のチェコ共和国ヴラティスラヴィス)のポルシェの生家。ナイセ川の右岸の堤防の近くにあった。

ヒトラーが台頭すると、この地域のドイツ人はドイツとの一体化を望み、チェコ人との厳しい対立を生む。ミュンヘン会談後の1938年10月10日ズデーテンが割譲され、この地域に定住するおよそ80万人のチェコ・スロ

ヴァキア人が強制的に追放された。その翌年、1939年3月15日、チェコ(ベーメン・メーレン)の保護領化、翌16日スロヴァキアの保護国化にいたって、ここにチェコ・スロヴァキア共和国(1918年10月～1939年3月)は解体する。

第二次世界大戦によるドイツの敗北の結果、1946年に今度はチェコのこの地域・ズデーテン・ラントから300万人以上のドイツ人居住者が完全に追放される(20万人以上が死亡)ことになった。

## ■ポルシェ家とフェルディナントの成長

さて、フェルディナント・ポルシェは、オーストリア・ハンガリー帝国のベーメン王国のマッフェルスドルフに、ブリキ細工職人、アントン・ポルシェの5人兄妹の3番目の子供として生まれた。この地方ではドイツ人家族がスラヴ系の姓を取り入れることがあったようである。母はアンナ・エールリヒ、ライヒェンベルク近くの村の、ポルシェ家と同じような家庭の出であった。

長兄のアントンは徒弟時代中に事故にあって早逝、長女はヘートヴィッヒ、同じ村の絨毯工場の工員と結婚、3番目がフェルディナント、4番目がオスカル、後に父の職を継ぐことになる。末娘がアンナ(旅館の主人と結婚)である。ポルシェの伝記作家R・v・フランケンベルク『F・ポルシェ—その生涯と作品』によれば、

> 「以上4人のフェルディナント・ポルシェの兄弟たちについては、彼とは違ってその平凡な生活を変えるような特別なことは見あたらない」

ということである。

フェルディナントは小学校を卒業すると、父の職場で一日12時間という厳しい労働を課せられ、徒弟として働くが、息子フェルディナントの中に眠っている才能を見抜いていたのが、母親であった。頑固一徹な夫に向かって、「フェルディナントをウィーンの学校にやったら」と上手に話を持ちかけ、「ウィーンは遠すぎる。近くのライヒェンベルクなら良いだろう」という答えを引き出した(ズデーテン・ドイツ人にとって同じドイツ語圏のウィーンこそが政治・経済・文化の中心であった)。

こうして、フェルディナントは、1890年から、3.5kmほど離れているライヒェンベルクの帝国国立工業学校の夜間部に通学することになった。

フェルディナントは、当時としては最新の技術である電気にいたく興味を示し、父親に厳しくしごかれながらも時間を見つけ出し、自分で発電機・配線盤・導線などをつくり上げ、この村で初めて個人住宅に電灯をともして父親を驚かせた。当時、この村では、ギンツカイ家の絨毯工場にしか電気は来ていなかったのである。

電気の利用という魔法の技術によって電灯をともしたことがきっかけとなり、村の有力者・絨毯工場の社長ギンツカイの紹介によって、頑固な父親も反対できず、1893

年4月ウィーンの電気器具や電気機械のメーカーであるベラ・エッガー社に見習生として勤務することになった。夜はウィーン工科大学の聴講生として勉強を続けた。

伝記作家によれば、ポルシェは技術的な課題に対しては「第六感」とでもいうべき鋭い直感をもち、常に新しい独自のアイデアを呈示して人々の注目を浴びた、という。わずか4年後の1897年には、早くも同社の検査室長となり、設計部門の第1アシスタントにもなった。ベラ・エッガー社時代は1893年4月(18歳)から98年夏(23歳)までの約5年間だったが、ついにポルシェの才能を見抜くものが現れた。

## ■ローナー・ポルシェ電気自動車の衝撃(1900年)

1898年初夏、ポルシェはウィーンの電気自動車開発のヤーコプ・ローナー社に引き抜かれた。歴史の古い王室御用馬車製造会社である。1896年ルートヴィヒ・ローナーは「騒音と悪臭」のガソリンエンジンを見切り、電気で静かに走るクルマをつくろうとしていたが、1898年春、困難の連続で断念しかけていたとき、偶然にポルシェと話す機会があり、その才能を見抜き、まだ24歳にもならない、ひょろひょろの若者を自社の自動車部門の主任設計士に採用したのである。

ポルシェが、何故、何時、電気からクルマに興味を移したのか。伝記はこれを語らないが、ウィーン博物館にあった「ジークフリート・マルクスのつくった不細工な自動車(1875年製作)に刺激されたから」という「伝説」もあり、ベラ・エッガー社を辞める直前に、すでに「ハブ・モーター」で特許を取っていたともいう。

こうして、ポルシェは、ローナー社で前輪のハブに電気モーターを取り付けて車軸を直接に回すクルマ、ハブ・モーター方式の〈ローナー・ポルシェ4輪自動車〉を開発して、1900年のパリ万博に出品し、世界の注目を浴びた。この「電気馬車」は、折りたたみ式幌付3座席・木製ホイール・ソリッドタイヤ・総重量980kg・バッテリー408kg・ローで16km/h、トップで35km/hで、一般顧客に300台以上売れたという。

ジークフリート・マルクス2台目の製造車。1888年。

BENZIN AUTOMOBIL Siegfried MARCUS
CONSTRUIRT 1877 in WIEN
(10 Jahre vor den ersten Französischen
& Deutschen Benzin Automobilen)


ポルシェの伝記作家は、このクルマの性能・評価について、かなりのスペースを割いて詳細に報告している。その一つに「いくつか見られる実際的な新車としては、ウィーン

パリ万博でセンセーションを起こしたローナー・ポルシェの電気自動車。前輪のハブ・モーターは80ボルトの電池44個で駆動され、120rpmで2.5馬力を出した。

でつくられ、オーストリアから出品されているヤーコプ・ローナー社のローナー・ポルシェ電気自動車がもっとも優れている」との評価を紹介し、専門家たちがローナー氏に、この新しいクルマの製造者であるポルシェ氏は「一体何歳なのか」と尋ねると、ローナー氏は「それは非常に若い男ですが、前途有望な青年で、あなた方はいずれまた、彼の名を耳にするでしょう」と答えたという。

またこのクルマは、1900年9月23日に行われた「ゼメリンク記録」という当時のオーストリアにおける自動車とオートバイの、最も名の通った性能テスト(全長10km、未舗装で急カーブと急勾配の登りがある)に挑戦し、従来の電気自動車部門のベストタイム23分27秒を大幅に破る、14分52秒の新記録を打ち立てて、大評判になった。この記録は平均時速40kmほどであるが、電気自動車としては、1900年の時点では、極めてセ

1900年には四輪ハブ・モーター駆動のレーシングカーもつくられた。写真はポルシェ自身(運転手のとなりの若い男)が購入者のイギリス人の元へ送り届けた際のもの。

ンセーショナルな記録であったという。

1902年、ポルシェは予備役兵として演習に参加し、自身のつくったローナー・ポルシェ・ミクステに大公を乗せた。

このポルシェ本人と〈ローナー・ポルシェ〉車の双方に注目したのが、ポルシェの祖国・オーストリア・ハンガリー帝国の皇太子フランツ・フェルディナント大公殿下(1863〜1914)である。フェルディナント大公殿下とは、1914年6月28日、サライェボでセルビア人青年に暗殺され、第一次世界大戦の発端となったその人である。

1902年11月8日のこと、ポルシェのもとにフェルディナント大公殿下の「貴下の製作せる自動車の性能、ならびに貴下の着実にして正確なる運転技術は、ことのほか我がオーストリア・ハンガリー皇帝陛下のお気に召された」という「彼の誇りともすべき一通の親書」と一着の軍服とが届けられた。

つまりポルシェに、〈ガソリン・電気混成車〉と名づけられていた〈ローナー・ポルシェ・ミクステ〉を運転して、帝国陸軍の大演習に参加せよという命令であった。このクルマは、今日のハイブリッドカーの原型ともいうべきものであって、ダイムラー製のガソリン・エンジンで得られたエネルギーをダイナモによって電気エネルギーに変え、ハブに取り付けられたモーターを回すもので、現在の分類にしたがえばシリーズ式ハイブリッドカーである。ポルシェ得意の魔法の技術により電気とクルマを結合させた傑作車であって、ポルシェの偉大な業績として見直されているものである。

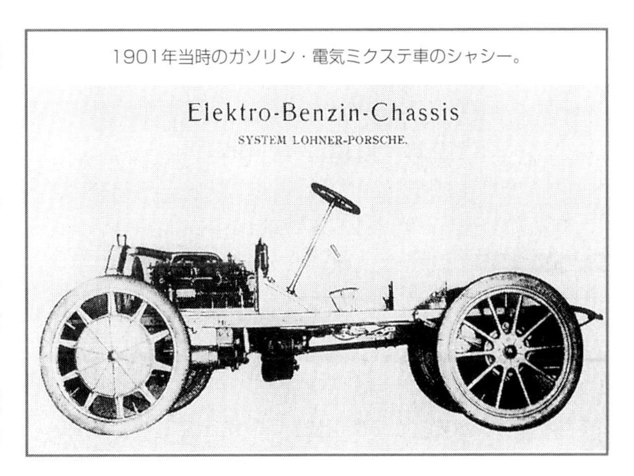

1901年当時のガソリン・電気ミクステ車のシャシー。

現代でもバッテリーの容量が少なく、走行距離を稼ぐことができないのが電気自動車の大きな欠点である。ポルシェは、その欠点をガソリンエンジンを使用して補おうとしたのである。

こうしてポルシェは、自作のハイブリッド車を運転して大公殿下を傍らに乗せ、連日の大演習に予備役兵として勤務した。このときポルシェは27歳、一介の技術者が、その卓越した技術の故に、その発明品とワンセットにして軍事・国家に参画させられたのである。優れた技術者が祖国の軍事に奉仕する。この時代にあっては、それは確かに「誇り」とすべきことであったと思われる。

## ■ポルシェの結婚(1903年10月)

ウィーンのローナー社時代は1898年夏(23歳)から1906年7月(30歳)までの8年間であるが、ポルシェは、この時期に結婚している。ポルシェ夫人となる女性の名前は、アロイージア・ヨハナ・ケースといい、一家はベーメン(ボヘミア)の出身で、ウィーンに居を構え、父親は職人の仕事をし、彼女も電気モーター工場で簿記係として働いていた。このような婦人労働は、当時ではまだ珍しく婦人解放のはしりで、第一次世界大戦後になってようやく一般化するとポルシェの伝記作家はいっているが、ポルシェと知り合い婚約する。

ポルシェの長男フェリーと長女ルイーゼ。

1902年のこと、ポルシェはウィーンから故郷のマッフェルスドルフまで直線距離で300kmほどあるが、婚約者のアロイージアを乗せて、ハイブリッド動力車〈ローナー1号〉車を駆って、故郷を訪れている。結婚式はポルシェ28歳と1か月の1903年10月17日、もちろんマッフェルスドルフで行われた。

1904年、ウィーンで長女のルイーゼが生まれ、1909年には、後に触れるが、ダイムラーのオーストリア支社のあるウィナー・ノイシュタットで長男フェリー[2)]が生まれている。ポルシェ夫人は大変なスポーツ好き・クルマ好きで、ポルシェの運転するレーシングカーに同乗して、レースに出たりしたようである。

ローナー社でのポルシェの仕事振りを伝える新聞記事(1903年3月)に「(ポルシェ氏の)その目の奥底には実現化を目指す技術上の夢が満ち溢れている」、「彼は仕事と技術的創造とに取り憑かれた男」とある。

ポルシェ27歳のときのこの記事は、ポルシェの全生涯を貫く生き様を見事に集約していると考えられる。「技術上の夢」を追い、「技術的創造に取り憑かれた男」、これに

「気が短い」ことを付け加えれば、ポルシェの本質のすべてを言い当てていることになろうか。

ローナー社は、しかしながら、ポルシェを使いこなせなかった。旧式の同族経営で、急速な発展を望まず、しかもポルシェが関心を示すレーシングカーの開発に莫大な経費を出せなかったのである。ポルシェ自身も、ここでは自分の腕が十分に振るえないと自覚するようになった。

## ■アウストロ・ダイムラー社へ移籍（1906年7月）

1906年7月19日、ポルシェはウィナー・ノイシュタットにあるオーストリア最大の自動車メーカー、エスターライヒシェ・ダイムラー・モトーレンAG(オーストリア・ダイムラー・モーター株式会社、通称アウストロ・ダイムラー社)に移った。

創業主ゴットリープ・ダイムラーの息子パウル・ダイムラー技術部長が、シュトゥットガルトのダイムラー本社に移籍し、同社の監査役エミール・イェリネック・メルセデスは、その後任にポルシェを強く推薦した結果、ポルシェはオーストリア支店の技術部長に迎えられたのである(ポルシェこのとき30歳と10か月)。

アウストロ・ダイムラーの社史の1906年の条には「フェルディナント・ポルシェが7月19日に総領事エミール・イェリネック・メルセデスの仲介で、パウル・ダイムラーの後任として、また技術部長として、雇用された」とあり、また同年の条には、「会社の経営幹部はE・フィッシャー、W・シュトゥラウ、F・ポルシェ」ともある。

エミール・イェリネック(1853〜1918)の名は、クルマの名前〈メルセデス〉が彼の長女の名前であること以外は、あまり知られていないようであるが、以下に述べるように、自動車発達史の上でも、ダイムラー社発展史の上でも、またポルシェが名声を確立する上でも、重要な役割を果たしている。

イェリネックは、ユダヤ人学者(ラビ)の息子としてライプチヒで生まれ、ウィーンで育った。1872年、19歳のとき、オーストリア・ハンガリー帝国のタンジール(モロッ

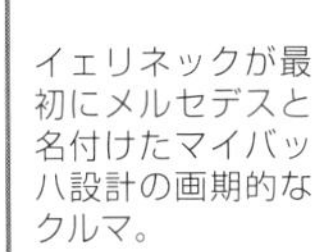

イェリネックが最初にメルセデスと名付けたマイバッハ設計の画期的なクルマ。

コ)の領事館勤務を振り出しに、1874年オラン(アルジェリア)の同帝国の副領事として外交官の道を歩みはじめ、ニース(南仏)総領事となり、1907年にはニース総領事館勤務、以後メキシコ、モロッコ、モンテカルロの総領事館、第一次世界大戦の1917年、オーストリア・ハンガリー帝国は敗色が濃くなり、ジュネーヴ総領事館を最後に外交官の経歴を終えた。

外交官としての職のかたわらイェリネックは、保険・株・貿易・自動車販売に関わって巨万の富を築いた。最初の結婚で、長男・次男・長女メルセデス(1889年9月～1929年)・次女・三女・四女の6人を生み、1899年再婚してさらに4人の子を授かる。その末娘がマーヤである。

イェリネックは1897年にダイムラー社のクルマを購入してレースに参加し、1899年には自分のレーシングカーのチーム名に娘の名前をとって「メルセデス」と名付けていた。イェリネックは、自分のレース経験やダイムラー社の職長がレース中に転倒事故死を起こした(1900年)ことで、狭くて曲がりくねった道路のレースにおける、クルマの高速性と安定性との問題を解決すべく、ホイールベースを長くすること、トレッドを広げて重心を下げることを提案した。これによってコーナーを素早く回り、直線でさらに加速することでタイムを上げることが可能になった。

このイェリネックの提案に基づいてつくられたダイムラー車の登場で「馬車の影響を本格的に脱して自動車特有のディメンジョンを持ったクルマが誕生した」こと、つまりこの提案で「初めて動力を持つクルマのあるべき前後輪の位置(ホイールベースとトレッド)が見直された」のである。イェリネックの着想を実現させたことが、ダイムラー車の名声を高めるのに貢献している。

イェリネックは1900年4月2日ダイムラー社と契約を結び、ドイツのダイムラー社(本社)製造のクルマに〈メルセデス〉と名づけること、新しいエンジンの開発に55万マルクを提供することなどを条件に、同社の監査役(1900～1908)に就くことも承認した。この契約の成立によって〈メルセデス・ダイムラー〉車が誕生することになる。

イェリネックは1903年6月、50歳のとき自分の名前を「イェリネック・メルセデス」と変え、これ以後サインをするときは「E・J・Mercedes」と書き、「父親が娘の名前を取ってしまうなんて、恐らく初めてのことだろうね」と語ったという。正確にいえば、Emil Jellinek Mercedesであって、アウストロ・ダイムラー社史ではそのように書かれている。なお、〈メルセデス・ベンツ〉の名が登場するのは、1926年6月29日、ダイムラー社がベンツ社と合併してからである。

## ■ドイツにおける企業内職階制とポルシェ

イェリネックがダイムラー社の監査役に就いて、ポルシェを強く推薦したことを

アウストロ・ダイムラー
社時代のポルシェ。

述べたが、監査役にはどのような権限があったのだろうか。ポルシェの企業内での昇進に関して、以下の文でも触れることがあるので、ここで、当時のドイツの企業内職階制について簡単に触れておく。文献によって邦訳の職階名がまちまちであるので、ここでは原ドイツ語を併記することにする。

ポルシェは、1906年7月(30歳)にはオーストリア最大の自動車会社、ウィーンのアウストロ・ダイムラー社の技術部長(technischer Direktor)に就任している。1917年1月(41歳)にはアウストロ・ダイムラー社の総務本部長(Generaldirektor)となり、1923年4月(47歳)にはオーストリアのウィナー・ノイシュタットからドイツのシュトゥットガルトにあるダイムラー本社の技術部長兼取締役(technischer Direktor und Vorstandsmitglied)に移籍・昇進している。

ところで、この当時のドイツの企業・株式会社におけるいわゆる「経営陣」とは、1861年に制定されたドイツ商法典によって導入された総会・監査役会・取締役会の三権分立体制をいう。株主総会(Hauptversammlung)が監査役会(Aufsichtsrat)を選出し、監査役会が取締役(Vorstand)を選任する。監査役会の職務は経営の基本方針を決定し、会社を運営する取締役を任免・監督することである。それに対し会社の実際の業務の執行は、あげて取締役会(Vorstandssitzung)にあり、実質的な経営陣(Vorstand)を形成する。なお取締役会(Vorstandssitzung)の会長あるいは議長(Vorstandsvorsitzende)は、つまり社長と呼ばれる。

したがって、ポルシェが就任したアウストロ・ダイムラー社の技術部長(technischer Direktor)、および総務本部長(Generaldirektor)の地位は、監査役はもちろん取締役でもない、単なる使用人・従業員の地位に過ぎない[3)]。

ポルシェは1923年4月30日には、ダイムラー本社の技術部長兼取締役となったが、何故、このような曖昧な地位を与えられたのか不明であるが、現場の技術部長として、実質的な指導を監査役会が期待したのかもしれない。

イェリネックの推薦でアウストロ・ダイムラー社に迎えられた30歳のポルシェ技術部長は、直ちに同社の重要な経営陣の一角を占めることになった。

ポルシェのアウストロ・ダイムラー社での最初の仕事は、新しい組織体制の確立であって、設計・生産・組織替えを1906年の末までにやり遂げた。そして1907年、最初の仕事は、ローナー社時代の延長である〈ガソリン・電気ハイブリッド・レーシングカー〉55馬力の開発・発表と、同年にはさらにガソリン車〈マーヤ・ワーゲン〉レーシングカーの開発を行った。

ハイブリッド動力車は、〈(ガソリン・電気)混成レーシング・ワーゲン〉と名付けられたレーシングカーで、55馬力・4気筒のガソリン・エンジンが発電機を回し、この発電機が後輪を駆動する電気モーターに動力を供給した。

このクルマは1907年2月末にはウィナー・ノイシュタットで完成し、最高速度105km/hを出し、3か月後の5月末には改良されて112km/hを出した。アウストロ・ダイムラー社史を見ると、ポルシェはこの1907年まで電気自動車やこのハイブリッド車をつくっている。

## ■〈マーヤ〉の登場(1907年)

このハイブリッド車とは別に、同じ1907年には〈マーヤ〉と命名された純ガソリン車がポルシェの手によって開発された。マーヤとは、ダイムラー本社の監査役エミール・イェリネックの末っ子娘の名前であり、ドイツのダイムラー本社では〈メルセデス〉、オーストリアのダイムラー社ではポルシェの開発したクルマに、この〈マーヤ〉の名前がつけられた。〈マーヤ・ワーゲン〉について、アウストロ・ダイムラー社史[4]の記述などをもとに紹介しよう。

まず「社史2」によれば、1907年の条に初めて「マーヤ・ワーゲン24/28hp・5,700cc・4気筒—自動車部門での販売不振とギアの欠陥のためほとんど成功せず」とあり、翌1908年には「エミール・イェリネックはマーヤ・ワーゲンの大赤字のため自動車営業部門を辞任した」こと、1909年には「マーヤ・ワーゲンの後継車、ギアなどを改良した28/30hp及び28/32hpの製造」、1910年の条には、ポルシェ，フィッシャー，シェーンフェルト(伯爵)の3人が、4気筒・86hp・OHC・5,700ccの特別仕立てのレーシングカーで「ハインリヒ皇太子レース」に参加したという。

もう一つの社史「社史1」には、冒頭に「わが社なくしてポルシェなし」と掲げられている。その1907年の条には、「マーヤ・ワーゲン28hpの製造」とあり、翌1908年の条には、〈マーヤ・ワーゲン〉の失敗のためイェリネックが会社を辞任したことだけが述べられていて、以後〈マーヤ〉についての記述はない。なお「社史2」によると、1910年10月7日にはアウストロ・ダイムラー社は、本社のドイツ・ダイムラー社と分離して「エスターライヒシェ・ダイムラー・モトーレンAG」と別会社になっている。

理由は、ポルシェがレーシングカー開発に「多大な資金」を消費したため、本社側が堪えきれなくなったようであって、1909年からこの問題が浮上し、ついにこの年に、分離されたのは独立採算制をとるためと思われる。

1908年に始まったハインリヒ皇太子レースは、ベルリンから各都市を通ってバトホムブルクまでの1,945kmの耐久レースだった。アウストロ・ダイムラー車は1910年にポルシェ自らドライバーとなって出場し優勝している。車番51の白いクルマに乗るのがポルシェ。後部座席左側、帽子をかぶった女性はポルシェ夫人。

ポルシェの伝記によれば、

「1909年、フェルディナント・ポルシェは32馬力の新型車を製作した。このクルマはフランツ・ヨーゼフ皇帝やブルガリア王妃の私用車として活躍した。〈マーヤ・ワーゲン〉に取って代わったのがこの新型車であり、それ以後〈マーヤ〉の名は自動車製造業界から姿を消してしまった」

という。つまり、ポルシェの最初のガソリン車〈マーヤ〉は1907年に出現するが、1909年これに取って代わる新型車が開発され、以後〈マーヤ〉の名前は消えてしまったと見るのである。後継車30馬力、32馬力の改良車は〈マーヤ〉ではないという見方である[5)]。

## ■〈マーヤ〉、レースで圧勝(1910年)

この〈マーヤ〉が3台、1909年の「プリンツ・ハインリヒ・ファールト(ハインリヒ皇太子レース)」に参加し、1等はNSU[6)]の3台の小型車に取られてしまったものの、2等賞の「特別銀製飾板」を取り、3台とも無失点であったから「チーム・エントリー」でも入賞した。ポルシェは残念この上なく、その日のうちに新しいクルマの設計に入ったと伝記

1910年のハインリヒ皇太子レースで快走する
ポルシェ運転のアウストロ・ダイムラー車。

は伝えている。

「プリンツ・ハインリヒ・ファールト」とは、プロシャのアルバート・ヴィルヘルム・ハインリヒ皇太子(皇帝ヴィルヘルム2世の弟)の創設した、1908年から1911年まで続いた、当時のドイツの最も有名で過酷な、国際的な耐久レースであった。ベルリンを出発点とし、北は極め付きの悪路を通ってポーランドのブレスラウを通り、チェコスロバキアを横断してハンガリーのブダペストを経て、西行して峻険な山岳地帯を抜けつつオーストリアを横断してザルツブルクを経由し、ミュンヘンに至るまでの距離1,945kmを7日間かけて走破するのである。

翌1910年のレースには、ポルシェは、前年の雪辱を期して、新しい〈4座席アウストロ・ダイムラー車(ポルシェはこれをチューリップ型と呼んだ)〉を出場させた。名前のようにチューリップ型の流線型をしており、前面部を小さくし、空気の流れに適応した形にしてスピードを上げられるように設計されていた。4気筒、排気量5,700cc、85馬力で最高回転数は3,000rpm、最高速度は140km/hを出した。

176台出場したこのレースは、7日間で、北部の平坦だが悪路のコースと南部ドイツの山岳地帯とを横断する(コースは前年度に同じ)。アウストロ・ダイムラー社は3台出場させ、無差別クラスで1位から3位まで独占した。

そのうちの1台はポルシェ自身がハンドルを握った。4人乗りであったからポルシェ夫人も乗り込み、1位に入賞したのである。こうしてアウストロ・ダイムラー車は、無差別クラス、特殊テスト部門を含め、全12賞のうち9賞を持ち帰った。ポルシェの伝記作家は、このレースを評して「そのころはまだ、製作者やそれにたずさわった支配人(Direktoren)たちが自らレースに参加して、自分たちのクルマをテストするカーレース史上の英雄時代であった」といっている。

ともあれ、この著名・過酷なレースの勝利によって、アウストロ・ダイムラーのこのクルマは「全ヨーロッパで多大な販売成果を挙げた」。のみならず、この成果によって、ポルシェは、以後、親密で終生変わらぬ友人関係をもつことになる人々とも巡り会った。

その中には、のちイタリアの指導的自動車製造者となるシグノア・ランチア、のちポルシェの開発したクルマと死闘を演ずるエットーレ・ブガッティ、のち名車〈タトラ〉をつくり出すチェコスロバキアの天才的設計家ハンス・レトヴィンカがいた。レトヴィンカとは、設計や空冷エンジンについても意見交換をしており、ポルシェは彼から大きな影響を受けたのである。

オーストリアでつくられた〈マーヤ〉は、しかしながら、〈メルセデス〉[7)]に比べて世界的な名声を博するに至らなかった。

## ■ポルシェ、空冷水平対向エンジンを開発(1912年)

アウストロ・ダイムラー社は、1907年航空エンジン分野へ進出、1910年ポルシェ指導による最初の航空機用エンジン(OHV・水冷・直列)ができ上がる。1912年には後の〈フォルクス・ワーゲンVW〉のエンジンの原型ともいえる「OHV・空冷・4気筒・水平対向」の航空エンジンを開発した。このエンジンは当時広く世界で使用されたという。1913年には、オーストリアは、ポルシェの開発したエンジンを搭載した102機の飛行機を持つ世界第6位の飛行機保有国となった。

「空冷・水平対向4気筒エンジン」といえば、直ちにポルシェの名前が浮かんでくるが、その原型は1896年にカール・ベンツが開発した「対向エンジン」にまで遡り、次いで1912年ポルシェの開発した、上記の「空冷・水平対向4気筒エンジン」が登場し、さらに遅れて1924年レトヴィンカが開発して〈タトラ〉に搭載した水平対向2気筒エンジンが出現する。

ポルシェの水平対向エンジンが再び登場するのは、この1912年から22年後、NSUのために設計し1934年1月に完成する〈ポルシェ32型〉であり、その後継車として1934年1月17日にヒトラーに提出された〈フォルクス・ワーゲン〉建言書に見える設計において復活するが、それはまだずっと先の話である。

アウストロ・ダイムラー社は、チェコスロバキアの自動車メーカーにして兵器会社

ポルシェはこのころ航空機用のエンジンでも数々の設計をしているが、これは1912年製作の水平対向4気筒空冷エンジン。後のVW用のエンジンの祖先ともいえる。

であるシュコダ社を併合する。アウストロ・ダイムラー社史「社史2」によれば、1911年の条に「シュコダ・ヴェルケとの利益共同体が合意された」とあり、そのほぼ2年後には「1913年7月8日 シュコダ(Direktor支配人はKarl Ritter V.Skoda)と合併」とある。

これは、いわゆる水平的企業合併と呼ばれるもので、同一業種の企業が生産の大規模化による効率の増大と独占の形成による競争の抑制を求めて行われるものと定義され、有名な例としてUSスチールとGMの合併が挙げられるが、ダイムラー・シュコダの合併もまさにこれと同じである。

ポルシェはこのシュコダ社のピルゼン(後のプルゼニ：ビールで有名)工場の技術指導者となり、オーストリア・ハンガリー帝国陸軍のために、30.5cm大臼砲の機動化を図る牽引車を設計したのである。

その牽引力は24トン、80hpと100hpの2種類のエンジンが開発された。2種類とも硬い地形に対してはゴムタイヤを、軟らかい地形に対しては、直径150cmの巨大な鉄のタイヤを取り付けた。伝記は、山野走行能力を高めるために4輪駆動を導入したのは、ポルシェが最初であったと伝えている。

## ■第一次世界大戦の勃発—サライェボ事件(1914年)

ポルシェが祖国のために臼砲の牽引車を製作中に、オーストリア・ハンガリー帝国の継承者フランツ・フェルディナント大公夫妻が、1914年6月28日、訪問先のボスニア・ヘルツェゴヴィナの首都サライェボで暗殺された。「サライェボ事件」である。

オーストリアは1914年7月28日セルビアに宣戦を布告する。戦争はこの二国間だけでは収まらず、1914年8月12日には、ついに三国同盟(ドイツ・オーストリア・イタリア。ただしイタリアは中立、のち1915年5月23日対オーストリア宣戦布告)と三国協商(イギリス・フランス・ロシア)との全面的な戦いとなり、ヨーロッパを主要舞台とする第一次世界大戦に拡大する。

1912～14年にポルシェのつくった4輪駆動の軍用トラクター。開発を指揮したシュコダ社は軍需品の製造が多く、これは30.5cm大臼砲の牽引用だった。

1913年アウストロ・ダイムラー社製ランドヴェールトレー(陸上武器輸送隊)。6気筒のエンジンで発電機を回し電気モーターで駆動するハイブリッドトラクターで牽引した。狭く曲がりくねった山道や市街地でも走行可能とされた。

この第一次世界大戦は総力戦で、科学技術は当然国家のために奉仕させられた。ポルシェは、大戦前に引き続き、オーストリア・ハンガリー帝国陸軍のために、ガソリン・エンジン付きの牽引車に最大10両のトレーラー(ハブ・モーター付き)を連結させる「自動車列車」をつくり、また42cmの臼砲用の牽引車(6台の各150馬力の牽引車が6台のトレーラーを牽引した)をつくった(1917年10月の実戦で活躍した)。

さらに、第一次世界大戦の終わり頃には、ポルシェは「V型・12気筒・300馬力」のエンジンや「直列6気筒・160～360馬力」の戦闘機用のエンジンを開発し、イギリスの専門誌も、伝記によれば「ポルシェによって設計されたアウストロ・ダイムラー工場の飛行機エンジンは、疑いもなくドイツ・オーストリア側の最上のエンジンである」と評価された。

1917年オーストリア陸軍用のハイブリッドトラクター。ツェー・ツーク(C-Zug)といわれ、これは38cm榴弾砲を牽引しているところ。

こうして、ポルシェは1916年には軍の技術分野での功績で「フランツ・ヨーゼフ十字勲章」と「軍功労十字勲章」を授けられ、また1917年1月8日にはアウストロ・ダイムラー社の総務本部長となり、さらに同年(1917年)6月にはウィーン工科大学からは名誉工学博士号を授けられた。

この戦争が始まった当初、

各国は数週間で戦争が終わると見ていたようであるが、同盟側4か国(ドイツ・オーストリア・トルコ・ブルガリア)、連合国側23か国(英仏米日など)を巻き込む世界の大戦に発展し、1918年11月11日の休戦協定調印まで実に4年間余りも続き、かつ死者1,000万人、傷者2,000万人、捕虜650万人という未曾有の惨禍を遺して終結する。

## ■オーストリア・ハンガリー帝国の滅亡

この大戦は、結果として、ハプスブルク朝・ロマノフ朝・ホーエンツォレルン朝といった大戦に関わったヨーロッパにおける三つの帝国の崩壊をもたらした。

ハプスブルク家(1273～1918年)のオーストリア・ハンガリー帝国(1867～1918年)は、1918年10月、諸民族の独立で瞬時に分裂する。すなわち1918年10月17日、ハンガリーがオーストリアからの分離独立を宣言する。同年10月21日、チェコスロバキア共和国の樹立を宣言する。同年10月29日、ユーゴスラビアがオーストリア帝国からの分離を宣言する。1918年11月11日、シェーンブルン宮殿の「青磁の間」で、連合国と休戦協定に調印と同時にカール1世は退位し、ここに、ポルシェとヒトラーの祖国オーストリア・ハンガリー帝国は滅亡する。

ロマノフ朝は1613年から1917年まで、およそ300余年続き、その膨張政策のゆえに「ロシア帝国」とも呼ばれ皇帝(ツアー)を名のったが、いわゆるロシア2月革命の中で、1917年3月15日ニコライ2世の退位とともに滅亡する。

ホーエンツォレルン家は南ドイツのシュヴァーベンに発する古い名家で、1415年からは選帝侯としてブランデンブルク選帝侯領を統治した。1701年からはホーエンツォレルン朝プロイセン王国となり、1871年1月1日遂に宰相ビスマルクとヴィルヘルム1世の努力でドイツ統一をなしとげ、フリードリヒ2世、ヴィルヘルム2世と継承され、戦況の悪化にともなう革命の高潮を前にして、1918年11月9日、皇帝の退位を迎えることになる。

この1871年から1918年までのドイツ国家は、「ドイツ帝国」、「ビスマルク帝国」あるいはナチス時代は「第二帝国」とも呼ばれることになる。もちろん「第一帝国」はハプスブルク家の神聖ローマ帝国(962～1806)、「第三帝国」(1933～1945)がナチス・ヒトラーの「帝国」である。

註

1) Reichenberg(チェコ語Liberec)はMaffersdorf(同Vratislavice nad Nisou。現在人口6,700人)から3.5kmほど離れているこの地方の古都(2005年人口約10万人)である。

2) Ferdinand Anton Ernst Porsche。父と区別してFerry(フェリー)と呼ばれる。

3) 独和辞典にはtechnischer Direktorを技術担当取締役と訳しているものがあるが、このポルシェの場合には当てはまらないと思われる。

4)アウストロ・ダイムラーの社史の一つはOesterreichische Daimler Motoren AG：Alte historische Aktien und Wertpapiere(社史1)、もう一つはSektion Austro Daimler：Chronik der Wr.Neustadter Daimler Werke(社史2)。どちらも1899年から1935年までの社史である。Oesterreichische Daimler MotorenAGは、通称アウストロ・ダイムラー社Austro-Daimler(ダイムラー社のオーストリア支店)である。

5)"Beyond Expectation The Volkswagen story"を著したホップフィンガーは全く別の解釈を取っている。問題の箇所を邦訳すると、「1909年までに、〈マーヤ〉は非常に成功したので、エンジンを少しだけ大きくして、このモデルを継続することが決定された。このモデルが28/32〈マーヤ〉として知られるものである」と。つまり、ポルシェの伝記作家と違って、ホップフィンガーの見解は、〈マーヤ〉の継続が「決定された」と見ているから、はっきりと32馬力の改良車を〈マーヤ〉と記載している。また、ホップフィンガーは、「王室の私用車」以降の改良型である〈チューリップ型〉まで〈マーヤ〉車であるとして、その連続性を指摘している。また『ワーゲンストーリー』の著者でポルシェやVWに詳しいスロニガーもホップフィンガーと同じ見解で、「このマヤ(ママ)は、第一次大戦前のオーストリアのベストセラー車になっただけではなく、1909年にはプリンツ・ハインリッヒ・トライアル(ハインリヒ皇太子レース)でワークスチームが賞をとっている」と指摘している。ホップフィンガーの経歴はP79註3)を参照。

6)ネッカー川沿いのハイルブロン町にある自動車メーカーであるNSU社(エン・エス・ウー、Neckarsulmer Fahrzeugwerke A・G)のこと。

7)メルセデス自身は短命で劇的な生涯だった。1889年9月16日ウィーンに生まれ、1909年ウィーンのカール・シュロッセル男爵と結婚、一女一男を儲けるが1926年に離婚。ウィーンの彫刻家ルドルフ・フォン・ヴァイグルと電撃結婚するが、ヴァイグルは数か月後に肺結核で死亡、彼女も1929年には骨髄癌で亡くなった。

# 第2章 ザッシャから メルセデスSまでの時代

## ワイマール期(1) 〈Sascha〉+〈Mercedes-TypS〉

### ■ワイマール体制の成立

1918年11月9日ホーエンツォレルン朝の崩壊後、ドイツ国家の事態収拾は社会民主党の主導によってなされ、1919年1月19日には国民議会の選挙の結果、「社会民主党・中央党・民主党」3党による連合政権、いわゆる「ワイマール連合」が成立する。

1919年2月6日、憲法制定議会が開かれ、フーゴー・プロイスによって起草された憲法草案は、数次の修正を経て、1919年8月14日公布・施行された。個人の自由・平等の保障、生存権的基本権などを認めた画期的な憲法であった。

ドイツ国内の動向と併行して、1919年1月18日から6月28日までパリ講和会議が開催され、対独ヴェルサイユ条約が締結された。英仏の現実主義・報復主義の支配は、ドイツの全海外領土・海外植民地の没収、アルザス・ロレーヌをフランスに割譲、オーストリアとの合併禁止、ラインラントの非武装化、徴兵制の禁止、航空機・戦車・重火器・潜水艦・航空母艦の保有禁止などの徹底した軍縮、さ

ワイマール体制下のベルリンの光景。一般庶民は厳しい窮乏下に置かれた。

らにはドイツに1,320億金貨マルクという天文学的数字の賠償金を課したのである。

このヴェルサイユ体制へのドイツ国民の憤懣は深くかつ広く蓄積されていき、やがてヒトラーの「第三帝国」を合法的に成立させることになる。

## ■ワイマール期におけるドイツ自動車産業

第一次世界大戦(1914～1918年)中には、乗用車とオートバイの製作は最小限に抑えられ、兵站に便利なトラックの製造が強力に助成された。これによりトラック数は、1914年初頭の9,600台から1920年2月初頭の19,700台へと増加したが、ワイマール期になると、一転して乗用車とオートバイの生産が伸びている。

ワイマールの初期(1919～1923年)は、戦後復興期・インフレ期であって、政府のインフレ政策の結果、1922年には制御不可能になり始め、特に1923年1月11日以後のルール占領を機に一挙に爆発する。すなわち、1914年7月に1ドル＝4.2マルクだった為替レートは、1923年1月には1ドル＝7,525マルクとなった。ドイツ中央銀行が「パピーアマルク(Papiermark)」と呼ばれる超高額紙幣を、また地方政府や企業などが「ノートゲルト(Notgeld)」と呼ばれる緊急通貨を濫発した結果、インフレは急速に加速され、1923年7月には1ドル＝16万マルク、8月には1ドル＝462万マルク、9月には1ドル＝9,886万マルク、10月には1ドル＝2億526万マルク、11月には1ドル＝ 4兆2,000億マルクと超大暴落した。

ワイマール大連合内閣のシュトレーゼマン首相は、1923年11月15日、「レンテンマルク(Rentenmark)」と「パピーアマルク」とを、1対1兆マルクの交換により、一挙にインフレをデフレに転化させ、天文学的インフレは突然収束する。これは「レンテンマルクの奇跡」と呼ばれている。

インフレ期におけるドイツの自動車保有台数を1921年と1923年とで対比してみると、オートバイは26,600台から59,400台へ、乗用車は48,700台から88,200台へ、トラック(自重2トン以上：バスは含まず)は25,600台から46,700台へと増大している。

次いで、相対的な安定期である1925～29年、さらに世界恐慌期といえる1930～32年までの8年間の自動車の生産台数は、次頁の表の通りである。

ヴェルサイユ条約によって膨大な賠償金を課せられたドイツ国内では天文学的なインフレが進行し、ちょっとした買い物でも札束の山が必要となった。

| 年次 | 1925 | 1926 | 1927 | 1928 | 1929 | 1930 | 1931 | 1932 |
|---|---|---|---|---|---|---|---|---|
| 乗用車 | 4.8 | 3.4 | 7.6 | 8.0 | 7.4 | 6.0 | 5.6 | 4.1 |
| オートバイ | 5.5 | 4.7 | 8.1 | 16.0 | 19.5 | 9.8 | 5.1 | 3.6 |
| トラック・バス | 2.2 | 1.6 | 3.0 | 3.4 | 2.7 | 1.6 | 1.4 | 0.9 |
| 合計 | 12.5 | 9.7 | 18.7 | 27.4 | 29.6 | 17.4 | 12.1 | 8.6 |

単位：万台

ドイツの自動車生産台数の推移

大島隆雄「両大戦間期のドイツ自動車産業(1)」より

この表から判明することは、オートバイの伸びが著しいこと、乗用車の成長もほぼ倍増していること、トラック・バスは平均2万台超でほぼ平均していること、しかしながら1929年10月24日「暗黒の木曜日」・世界大恐慌の影響によって、いずれもが生産を減少させ、1932年がワイマール期のどん底を形成している。

なお、ワイマール期ドイツにおける自動車産業の業界1位はアダム・オペル社であって、同社がアメリカのGM社が80%の株式を持つアメリカ系企業の傘下のメーカーであることは、ドイツ自動車産業の脆弱性を象徴的に示している。

## ■小型車〈ザッシャ〉の大活躍(1922年)

巨大なオーストリア・ハンガリー帝国が敗戦により分解し、オーストリアは小国家になってしまった。ポルシェの勤めるアウストロ・ダイムラー社も、帝国の消滅とともに軍需生産が完全になくなり、再び自動車生産一本に立ち戻らなければならなかった。

オーストリアのウィナー・ノイシュタットに居住しているものの、ポルシェはマッフェルスドルフに住む一族との関係を絶ちがたく、彼はチェコスロヴァキア共和国の

1922年リースのレースに出場したアウストロ・ダイムラーのザッシャ。助手席に帽子をかぶって乗るのがポルシェの息子フェリーで12才だった。この年ザッシャは51レースに出場して43回勝っている。

国籍を選択した(チェコスロヴァキア人はドイツ系でドイツ語を話すいわゆる「ズデーテン・ドイツ」人に対して不寛容であったが)。

1922年、ポルシェはアウストロ・ダイムラー社の総務本部長として、小型車〈ザッシャ〉を送り出す。ポルシェが小型車を手掛けたのは、同社の顧問アレクサンダー・コロヴラート伯爵(ボヘミア出身、愛称ザッシャであり、それに因んだ車名である)の、収入の少ない人でも買える国民大衆車をつくろうという考えによるのだが、ポルシェ自身も全く同じ考えを持っていた。

1922年3月には、DOHC・水冷・直列・4気筒のエンジン、排気量1,089cc、45hp/5,000rpmの出力、最高速度144km/h、ホイールベース2,450mm、全長3,600mm、重量589kgの〈ザッシャ〉が4台誕生する。この4台が、この年(1922年)シシリー島の公道で行われるタルガ・フローリオに参加した。全長108km、数え切れないほどの凸凹の道、1,500もの厳しいカーブ、これを4周する全432kmの過酷を極めるレースである。

1,100ccクラスでは、フリッツ・クーンの運転する〈ザッシャ〉が第1位、ポルシェ自身の運転するクルマが第2位に入った。無差別クラスで参加したアルフレート・ノイバウアーは、〈ザッシャ〉より4～5倍の排気量を持つクルマと熱戦を演じ6位に付けた。最後の1台はコロヴラート伯爵自身が運転したが、入賞しなかった。

1922年シシリー島のタルガ・フローリオに出場したザッシャ。ドライバーはアルフレート・ノイバウアーで、クルマの6の字の後に立っているのがポルシェ。翌年ノイバウアーはポルシェとともにダイムラーに移籍し、30年代から50年代にかけて永らくダイムラーベンツのレーシングマネージャーを務めた。

この戦果は、アウストロ・ダイムラーと〈ザッシャ〉の名を全ヨーロッパに知らしめた。1922年4月3日の新聞は、小型車の〈ザッシャ〉が遥かに大きなクルマにも負けなかったと驚きをもって報道した。しかも、レースが終わってから、ポルシェたちは4台のクルマをウィーンまで運搬する費用が捻出できなかったので、隊伍を組んで陸上をなんのトラブルもなく1,500kmを走破して祖国に戻ったことも、驚きをもって迎えられたとホップフィンガーは伝えている。

しかし、アウストロ・ダイムラー監査役会は「莫大な資金」がかかるスポーツカーの開発に批判的であった。

1922年の秋、シーズン最後を飾るイタリアのモンツァで行われた「イタリア・グランプリ」で、クーンの運転する〈ザッシャ〉が高速で右カーブにさしかかったとき、突如クルマが横滑りして、クーンはクルマから投げ出されて即死した。左後輪のワイヤースポークの破損が原因で、金属疲労によるものであった。

レーシングカー開発に反対する監査役会と取締役の面々は、一斉にポルシェに襲いかかった。「モータースポーツというものが、何と馬鹿げているか、この事故ではっきり解ったであろう。金ばかりでなく命までまきあげるスポーツなのだ」と。

〈ザッシャ〉が1922年中に、15か国、51回の国際的レースに出場し、優勝43回、2位8回と圧倒的な強さを示したにもかかわらず、たった一度の事故のため、ポルシェ総務本部長は経営陣から完全に見離されるに至った。

ポルシェによる小型車構想の最初の挫折である。なお、次に述べることになるが、ポルシェのアウストロ・ダイムラー時代は、1906年7月19日から1923年4月30日まで、16年9か月ほどである。

## ■ダイムラー・モトーレン本社へ(1923年)

1922年末までにドイツのダイムラー・モトーレン社は、経営上の危機に立たされていた。労働組合のストライキは生産の大幅な減少をもたらし、それにクルマの技術的なトラブルが重なった。1922年12月には創業者の息子、パウル・ダイムラー技術部長兼取締役が責任を取ってその地位を降り、ホルヒが一時的に後を継いだ。経営陣は同社の信頼の厚い顧問パウル・エバーシュパッヒャー博士に相談すると、この難局を乗り切るには傑出した能力を持つ技術者でなければならないとして、ポルシェの名前を挙げたのである。

そういえば、1906年7月にもアウストロ・ダイムラー社でパウル・ダイムラー技術部長移籍にともない、ポルシェがその後任に推薦され会社の名声を高めたが、17年後に再びポルシェはパウルを引き継ぐ形で技術部長兼取締役につき、後に見るように、あっという間にダイムラー・モトーレン社の名声を高めるのである。

1922年スーパーチャージャー付きメルセデス1.5リッターマシン。

1923年4月30日、ポルシェは、オーストリアのダイムラー支社からシュトゥットガルトのダイムラー社の本社に、技術部長兼取締役(6人のうちの1人)として移籍する。ドイツのダイムラー本社ではモータースポーツに対して、はるかに深い理解を持っていたからである。この頃はドイツを襲った超インフレが進行中であって、ポルシェの給料は銀行から工場へトラックで運ばれた。

ポルシェが着任したとき、ダイムラー本社で開発した、新型2,000ccスーパーチャージャー付きレーシングカーが、アメリカのインディアナポリス500マイル・レースのためにちょうど輸送されるときであった。しかしながら、このクルマはトラブルが多発して、ダイムラー車は完敗した。ポルシェのダイムラー本社での初仕事は、このクルマを改良することであった。

1923年末から24年初頭にかけて〈メルセデス・コンプレッサー[1)]〉レーシングカーが完成する。ポルシェはこのとき48歳、技術部長兼取締役でありながら、相変わらず、ハンドルを握って工場内のテストコースを走って、自分が設計したクルマの性能を確かめていた。

ポルシェがこのクルマの改良に傾注している1923年11月8日夜、ミュンヘンのビュルガーブロイケラー(3,000人の客を収容できるミュンヘン最大のビヤホールの一つ)を本拠地として、軍部のエーリヒ・ルーデンドルフ将軍を最高指揮官としてヒトラーのナチス党がこれと結んで、ワイマール共和国を倒してミュンヘンに新しい政権を樹立すべく、いわゆる「ミュンヘン一揆」を起こすが、見事に失敗し、翌9日ヒトラーは逮捕される。このときすでにヒトラーは〈メルセデス〉を所有していた。ほぼ時を同じくして、1923年11月15日、一兆マルクを一レンテンマルクとする「レンテンマルク」の発行で、突如、ドイツの超インフレの収束が始まった。

翌1924年の初頭には、ポルシェの改良したスーパーチャージャー付きエンジンの〈メルセデス・コンプレッサー〉レーシングカー2,000cc、4気筒が完成し、1924年のタルガ・フローリオに3台が出場。この3台とも大活躍し、ポルシェの名声を不動のものとするのである。

1924年4月27日、朝7時、タルガ・フローリオの幕は上がった。各車は2分間隔でス

1924年タルガ・フローリオ。2リッタースーパーチャージャー付きのメルセデス・コンプレッサーは大排気量のアルファ・ロメオやイスパーノ・スイザを打ち破った。ステアリングを握るのは15位だったノイバウアー、右端の腕章を付けているのがポルシェ。

タートする。優勝をめぐってイタリアの〈アルファ・ロメオ〉を操るアントニオ・アスカーリと、対するクリスティアン・ヴェルナーの搭乗する〈メルセデス・コンプレッサー〉とが死闘を演じた。

最後の一周の、それもゴール寸前でアスカーリのクルマのエンジンが止まった。ベアリングの焼き付きであった。その一瞬の間に、ヴェルナーの〈メルセデス〉がゴールに飛び込んだ。ポルシェの伝記作家によれば「イタリアの観客はがっかりして言葉もなかった」。「〈メルセデス〉のピットではものすごい歓声が湧き上がった」。

ヴェルナーの平均時速は66km/hで、タルガ・フローリオの新記録であった(432kmを6時間32分37秒4)。2位はマセッティ伯の〈アルファ・ロメオ〉(6時間41分04秒2)、3位はボルディノの〈フィアット〉(6時間46分34秒0)であった。他の2台の〈メルセデス〉は、10位(ラウテンシュラーガー)と15位(ノイバウアー)につけたが、2,000cc以下のクラス別で分けると、〈メルセデス〉が1位から3位までを独占することになった。

戦後のドイツ国民が意気消沈しているときに、このニュースは喜びと自信をドイツ国民に与えた。シュトゥットガルト市は、これまで滅多に開かれたことのなかった歓迎会を、凱旋したポルシェのために開いた。市役所前の広場は市民の群れでぎっしりと詰まり、市長はこのたびの勝利について特別の演説を行い、設計者としてのポルシェを褒め称え、シュトゥットガルト市の「黄金の書」にポルシェの署名を要請したのである。

のみならず、同年(1924年)7月4日にはシュトゥットガルト工科大学はポルシェに名誉工学博士号を授与した。その学位記には「自動車製作全般にわたる卓越した功績と、特に1924年のタルガ・フローリオにおける勝利車の設計者として、機械工学および電気技術学部の一致した申請により、ダイムラー自動車会社技術部長フェルディナント・ポルシェ名誉工学博士に対して、シュトゥットガルトにおいても、名誉工学博士の学位を贈るであろう」とあり、外国であるウィーン工科大学の博士号に加えるに、ここドイツでも博士号を贈るというものである。こうして、今やポルシェは、このシュトゥットガルトの町に、自分の郷里のように馴染んだのである。

## ■「VWトリアス」の形成(1923〜1925年)

「VWトリアス」というのは、〈フォルクス・ワーゲンVW〉を生み出す3人、権力の座を射止めたヒトラーと、工学者であるポルシェを繋ぐ重要な働きをするヤーコプ・ヴェルリーンを加えた3者の密接な関係の成立をいう。三人はそれぞれまったく異なった道を歩んで〈VW〉に合流するのである。

話は1920年3月31日のヒトラーの除隊にまで遡る。この日、ヒトラーは除隊し、ミュンヘン市の、イザール川に近い、3、4階の建物が建ち並び中流階級の人々の住む、ティエルシュトラーセ41番地の小さな部屋を借りて、ナチス党の運動に参加していた。

『ヒトラーの金脈』という書物によれば、この頃ミュンヘンでは限られた数のクルマしかなく、政党運動は、集会にも運動の展開にも徒歩か電車、汽車を使っていた。しかし、ヒトラーは「集会に迅速に出席するため」に、ぜひ自動車がほしかった。自動車が手に入れば、それは「彼自身と党にある種の威厳を与えるものと思った」。徒歩や電車を多用するライバルの共産党に大きな差がつけられるとヒトラーは考えたのである。

こうして党の幹部に頼んで、時期は不明だが1920年3月末に転居してから「まもなく」のこと、「天蓋のない解体した鉄道馬車のような古いクルマを手に入れた」。これがヒトラーの最初のクルマである。しかし、残念ながら、この不思議なクルマの車種を特定することはできない。

ヒトラーの2台目のクルマは、1台目からあまり時が離れていないうちに確保しているようだ。ヒトラーは「中古の〈ゼルフェ〉を買い上げた。このクルマは、最初のクルマに比較して少しもましなところはなかったが、しかし、これ以降、電車やバスに乗るヒトラーの姿は二度と見られなかった」という。

1922年6月24日ドイツ外相ワルター・ラーテナウ暗殺のニュースを聞いて、ヒトラーは「追跡車の運転手の目をくらますために、自分の乗用車の後部にヘッドライトを取り付けた」という。おそらくこの〈ゼルフェ〉に取り付けたのだろう。また、ヒトラーはこの〈ゼルフェ〉を駆って、1923年4月の上旬、ミュンヘン～ベルリン間を往復して、遅くとも4月13日にはミュンヘンに戻っている。

ところで、ヒトラーの借りた部屋は、民族的諸団体の宣伝紙《フェルキッシャー・ベオバハター（民族の観察者）》社から数軒離れた建物にあった。このすぐ近くにある新聞社が負債で身売りに出ていることを知って、1920年12月17日、数名の同志と相談して、これを12万マルク（25万マルクの負債も引き継いで、総額37万マルク）で買い取り、紙名もそのままにナチス党の機関紙となった。

この新聞が1923年2月8日から「日刊」となり、新しく大きな事務所に移った。ホップフィンガーによれば、この新聞社が移転した同じビルにダイムラー社のミュンヘン代理店があり、ショー・ウィンドウには光輝く〈メルセデス〉が飾られていた。

この代理店の店長がヤーコプ・ヴェルリーンであった。新聞社に行くたびにこのクルマを目にせざるを得ない。ある日ヒトラーはヴェルリーンに話しかけ、それ以後、ヒトラーはクルマに関するあらゆることをヴェルリーンから学び、二人のあいだに信頼関係が醸成された。

そして1923年の、月日は不明であるが、4月上旬以降11月8日の「一揆」以前のこと、ヒトラーは党の金庫に残っていた「インフレ・マルク」をはたいて、光り輝くこのクルマをダイムラー社のミュンヘン支店長のヴェルリーンから購入する。この〈メルセデス〉がヒトラーの3台目のクルマとなる。1923年11月8日のミュンヘン暴動のとき、すでにヒトラーは赤い〈メルセデス〉に乗っていたのが、ヴェルリーンから買ったこの3台目のクルマである。

ヒトラーは、この一揆の失敗で逮捕され、有罪判決を受け、40人ほどの一揆関係者とともに、ミュンヘンの西80kmのランツベルク要塞拘置所に収容された。この服役中にヘンリー・フォードの伝記を読んで強く感化されたという。ただしその「感化」とは、自動車とその大量生産方式に関するものだけではなかった[2)]。

ヒトラーは逮捕されてから10週間で、完全に精神的に立ち直る。トーランドによれば「ドイツの指導者になることを確信して」、「多くの失業者に職を与える」こと、「国民をより近く結び付ける高速道路網を建設し、誰でも買える小型の経済車を大量生産する」という構想を考え出した。

判決は1924年4月1日に出た。ヒトラーは4年半の禁固刑、ルーデンドルフは無罪であった。この日ヒトラーは後に『わが闘争』として知られることになる著作の執筆（口述）を決意し、10月半ばには第1部が完成する。

ヒトラーはクリスマスの前、1924年12月20日には保釈され、本拠地のミュンヘンに

政権取得前のNASDAP(国家社会主義ドイツ労働者党=ナチス)の会合。

戻った。ティエルシュトラーセ41番地の部屋はそのまま継続である。しばらくは獄中生活の後遺症で社会的適応が遅れたが、1925年2月27日には、例のビュルガーブロイケラーでナチス党大会が開かれた。逆境で一まわり逞しくなったヒトラーは、劇的な復帰を果たして指導権を掌握し、合法的政権獲得に方針を転換している。

## ■ポルシェとヴェルリーンとの関係

ポルシェとヤーコプ・ヴェルリーンとの関係については、フェリーの自伝(回想録)に少しだけ言及されている。それによれば、

> 「ヒトラーの権力がまだ未知数のころ、たまたま彼の友人ということで、ヴェルリーンはダイムラー・ベンツ社(正確にはダイムラー社)の役員(ミュンヘン代理店の店長である)をおろされてしまった。父とは長いあいだ実に友好的な関係にあったので、時折りなんとなく立ち寄っては、父に愚痴をこぼしていたものであった。『私は失業中なんですよ』と」

フェリーの自伝となるション・ベントリー『ポルシェの生涯ーその苦悩と栄光』では、不正確なところがあるが、ヒトラー一揆の失敗で、ヴェルリーンがミュンヘン販売代理店の店長の地位を馘首されたこと、またポルシェとの関係ができるのはポルシェがシュトゥットガルトに着任(1923年4月30日)して以後のことであり、ポルシェが1928年10月にダイムラー・ベンツ社を辞めるまでの5年間ほどとある。

ヴェルリーンがいつ復職したかはっきりしないが、一つの可能性は、1925年2月26日バイエルン政府が非常事態宣言を解除し、国家社会主義ドイツ労働者党に加えられた制限を取り除いた後のことであろうか。

ヒトラーは「この(1925年)春」に、「赤いメルセデスの新車を手にいれて、腹心の友と一緒に何時間もバイエルンの田舎のドライブを楽しんだ」というから、この新車こそ、ホップフィンガーの指摘する〈メルセデス・カブリオレ〉と思われる(ホップフィンガーはクルマの色を明示していないが、恐らく同一車である)[3)]。

つまり、このクルマは、ポルシェが改良を加え「タルガ・フローリオ」で勝利を飾っ

た、ダイムラー社の〈メルセデス・コンプレッサー〉であろう。これがヒトラーの4台目のクルマとなる。

## ■ポルシェとヒトラーの最初の出会い

次は、ポルシェとヒトラーの関係であるが、二人の最初の邂逅について、フェリー自伝によれば、1925年（日付は記されていない）に、ポルシェとヒトラーがゾリテューデで偶然出会って「短くごく当たり前の会話」を交わしただけだったという。しかし、「ヒトラーは父の心意気を忘れていなかった」とも記している。

ヒトラー（自分で運転しない）たちは、そもそもポルシェの〈メルセデス・コンプレッサー〉を駆って、ここゾリテューデまでやって来たのである。「当たり前の会話」だが、ポルシェはそのときヒトラーに自動車やレーシングカーに賭ける、自分の「心意気」を訥々と語ったのではあるまいか。

もちろんゾリテューデとは、シュトゥットガルト郊外のゾリテューデのレーシングコースのことで、複雑なコーナーを持ち、高度の運転技術が要求されるサーキットである。ミュンヘンからシュトゥットガルトまで直線距離でも200km以上あるが、クルマ好きのヒトラーたちは〈メルセデス〉を飛ばし、シュトゥットガルト郊外の、この有名な難コースに挑戦し、そこに居合わせた〈メルセデス〉の製作者ポルシェと邂逅したのである。

1935年ナチ政権下VW開発時のポルシェ。

このときヒトラー（1889年4月20日生）は36歳、ナチス党の指導権を掌握したばかりで、まだ無名の存在といってよいが、ポルシェはこのとき49歳（1875年9月3日生）、ダイムラー社の技術部長兼取締役として「タルガ・フローリオ」で優勝して、赫々たる名声を得ていた。

ヒトラーはこの最初の出会いで、世界的に著名なレーシングカー設計者・ポルシェへの深い尊敬の念を抱き、それは終生変わらなかったと見られる。

こうして、後の〈フォルクス・ワーゲン〉を生み出すことになる三人の主要人物がそろった。ヴェルリーンとヒトラーがともにポルシェの自動車設計の才能を極めて高く評価している点が鍵である。

## ■ダイムラー・ベンツ社のポルシェ(1924〜1928年)

ダイムラー社とベンツ社は、両社の経営危機から1924年5月8日に「利益共同体」契約を結んだ。両社の「利益共同体」契約の主要な点は、西牟田祐二『ナチズムとドイツ自動車工業』によれば、①両社が「法的独立性を保持したままで一つの経済的な統一体を形成する」、②利益共同体への参加比率は「両社の名目普通株式資本金の比率」(ダイムラー600対ベンツ346)とする、③両社の密接な共同をもたらすべく「一つの共同作業委員会」を設置する、④「税制上の条件が許すや否や、両会社の合併が努力される」などである。

その2年後の1926年6月29日に両社は合併して、ダイムラー・ベンツ社となり、ポルシェは9名の取締役の一人となる。

ダイムラー・ベンツ社は、ポルシェを中心に〈メルセデスS型〉(SportのS・1927年。生産台数は1928年までに146台)、〈SS型〉(Super-Sport・1928年。生産台数は1932年までに109台)、〈SSK型〉(SuperSport-Kurzesfahrgestell 短車台・7,100cc・1928年。生産台数は1932年までに33台)の名車を矢継ぎ早に生み出し、ドイツのスポーツカー、レーシングカーが全世界を制覇する「ポルシェ時代」を築く。

レースだけでなく、市販車でもエンジン性能を高める手段として、この時代にはスーパーチャージャーが採用された。とくにダイムラー・ベンツ社は熱心で、ポルシェの前任の技術部長兼取締役であったパウル・ダイムラーがスーパーチャージャー付きエンジンの開発を進めていた。後任となったポルシェもこれを引き継ぎ、過給機付きエンジンの技術開発に取り組んだ。

ポルシェによる最初の設計は直列8気筒スーパーチャージャー付きグランプリマシンであった。エンジン性能はすばらしかったが、シャシー性能がそれに追いつかなかったようで、スピードは出るものの安定した走行を示さなかったようだ。

ポルシェがダイムラー・ベンツ社でその名を残すことになったのは、〈Sシリーズ〉の開発である。ベンツ社と合併する前にポルシェによってつくられた〈モデルK〉をベースに、スポーツカーに改良した〈メル

1926年ダイムラー社とベンツ社の合併を告知するポスター。

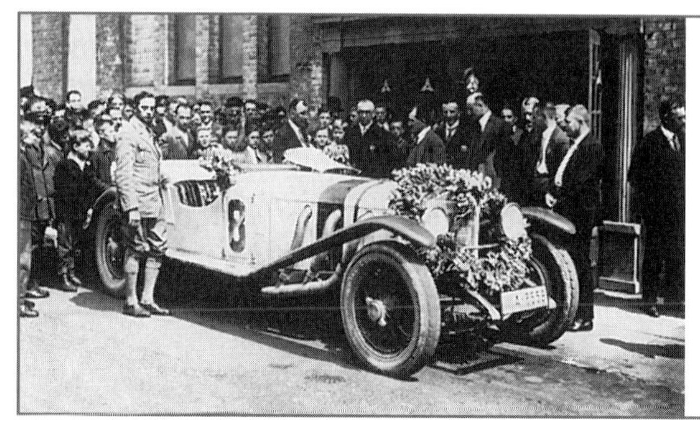

ポルシェが合併前のダイムラーで開発したモデルKの改良型メルセデス・ベンツS。1928年ニュルブルクリンクのレースで優勝した。直列6気筒エンジンは、スーパーチャージャー付きで180馬力を出した。

セデスS〉が完成したのは1927年。重心位置を低くして直列6気筒エンジンも6,879ccと大きくして、無過給で120馬力、過給すると180馬力と強力だった。スーパーチャージャーを効かせると悲鳴のようなカン高い音を発生することでも有名となった。

〈メルセデスS〉は各地のレースで活躍したが、名ドライバーであるルドルフ・カラチオラの名を高めたのも、〈Sシリーズ〉によるものだった。さらに〈メルセデスS〉を改良した〈メルセデスSS〉及び2シーターになった〈SSK〉が1928年に登場、ライバルであるブガッティと好勝負を繰り広げた。1928年のドイツGPではブガッティを抑えて上位を独占した。

〈Sシリーズ〉はポルシェがダイムラー・ベンツ社を去ってからもエースのカラチオラなどのドライブにより、レースで好成績を残している。

## ■小型車か大型高級車かの対立

ダイムラー・ベンツ社の1928年8月16日の取締役会会議(全8名)は、小型車の開発か大型高級車の開発かをめぐって、4対4の真っ二つに割れる。ポルシェを中心として小型車の開発を推進すべきだという主張と、これに反対して監査役会が利益の大きい高級車の開発を優先すべきだという対立である。西牟田祐二『ナチズムとドイツ自動車工業』は、この日の会議の議事録に依拠しつつ、会議の模様を活写している。取締役会の出席者はカール・ヤール博士(監査役会派遣)が議長を勤め、シッパルト、ヴィルヘルム・キッセル、ラング、ロールマン、ナリンガー、ハンス・ニーベル、そしてポルシェの7名の取締役が出席した。

シッパルトは「小型の1.5リッター車の生産に必要とされる支出は、監査役会の承認を得ることができるであろうか」と問う。

ヤールが答えて「この質問に対する返答は」、第1に「その小型車がこれまで行われた試行実験においてすでにその価値を実証されたのかどうか」、第2に「その小型車の生

ツーリングモデル、メルセデス・ベンツSツアラー。

スポーツカーの最上級車メルセデス・ベンツSSK。直列8気筒7.1リッターの強力なエンジンを積んだ。

産においては、いかにして利益を上げるまでに至らしめ得るか」であると答えた。

ポルシェが発言して、目下、数台の小型車は「もっとも真剣に走行テスト」が行われていて「満足できる結果となって」おり、「破損や重大な欠陥はいまだ現れていない」と開発過程を説明する。

討論に移って、ヤールは「私はこの小型車の生産のために必要な1,000万マルクのクレディットを銀行融資団に申し入れる気持ちにはなれない」、「小型車が、目下のところにおけるほど将来にわたっても売れ続けるかどうか疑わしい」からであると。

キッセルは「自動車の将来を考えた場合、特にドイツにおいては小型車が一層多く発展していくと思われます」と反論する。

シッパルトもキッセルを支持し、「生産の補充のためには、一つの新たな車種が是非とも必要なのであり、それには1.5リッターのクルマが適している」と。

これに対してナリンガーが、「2リッター車はこれですでに十分小さい」、「2リッター車の生産の一層の低価格化」が必要と反論する。

結果は小型車導入賛成派が、ポルシェ、キッセル、シッパルト、ニーベルの4名、反対派がナリンガー、ラング、ロールマン、そしてヤールの4名である。高級車志向か大衆車志向か、ダイムラー・ベンツ社の経営方針をめぐって、取締役会は真っ二つに割れたのである。
この対立は、2か月後の1928年10月24日の取締役会会議で決着がついた。保守的な監査役ヤールの意向を反映して、1.5リッター車の導入否決が確認され、かつ〈2リッター200型シュトゥットガルト〉(6,700マルク)に、さらに2.6リッターの上級クラス(8,700マルク)を加えることが決定されたのである。「この会議の進展に怒ったF.ポルシェは、ついに、『彼の帽子をキッセルの足もとに投げつけ、取締役会を脱会して再び帰らなかった』と言われている」[4]。
こうしてポルシェは1928年10月末、ダイムラー・ベンツ社の慰留工作(しばらく渡米をとか、顧問として残ってほしいとか)をすべて断り、技術部長兼取締役を惜しげもなく辞任する。なお、この取締役会会議でポルシェに与して小型車派となった取締役のウィルヘルム・キッセルは、のちダイムラー・ベンツ社の取締役社長(1930〜1942年)となり、1935年以降(自社における小型車の開発に失敗して後)、ポルシェの〈VW〉開発に間接直接の支援を与えることになる。
また、同じ取締役でポルシェの小型車開発論に与したニーベル博士は、ポルシェ辞職の後、ポルシェのシュトゥットガルトの自宅を借りて住み、この家を管理してくれることになった。ポルシェのダイムラー・ベンツ時代(正確にはダイムラー時代とダイムラー・ベンツ時代)は、1923年4月30日から1928年10月末までの5年と6か月間であった。

## ■ウィーンのシュタイア社へ(1929年)

1928年10月下旬にダイムラー・ベンツ社をさっさと辞職したポルシェは、2か月間ほどフリーとなった。この間、チェコスロバキアのシュコダ社から話があった。ポルシェはチェコ語ができなかったので、この話を断った。
ほぼ時を同じくして、今度はウィーンのシュタイア・ヴェルケ社からも話があった。シュタイア社は、第一次大戦中はライフルなどの小火器専門の企業であったが、戦後はボールベアリング、自転車、自動車の生産に転換していた。オーストリアの自動車産業は、アウストロ・ダイムラー社、グレーフ&シュティフト(ウィーンのバス会社)、ペルル(Perl)の3大企業があったが、第一次世界大戦後には、シュタイア社はアウストロ・ダイムラー社のライバルとして、急速に成長してきた。ここにポルシェを擁して、その地位を不動のものにしようとしたのである。
1929年1月2日、ポルシェはウィーンのシュタイア社の申し出を受諾し、同社の技術部長兼取締役として、かつての祖国の首都ウィーンに再び戻った。オーストリアでは「ポルシェ博士のような天才的エンジニアを再びオーストリアに迎え得たことは、全オーストリア自動車業界の誇りとするところであり、彼の援助を獲得したことはシュタイア社の立派な行為である」と新聞報道され、「オーストリア第一の自動車会社が世

ポルシェがシュタイア社に移ってすぐに開発したシュタイア30型。6気筒2リッターのエンジンでシュタイア社のスタンダードなクルマとなる。

界一の自動車設計者を捕らえることができた」と熱狂的に迎えられた。

シュタイア社に着任して10週間で、ポルシェは、2,000cc・6気筒・OHVエンジンを搭載する〈シュタイア30型〉を開発した。この〈シュタイア30型〉がシュタイア社のスタンダード型となり、1929年前半には早くも、その姿を市場に現した。

ポルシェは、次いで1929年3月には、直ちに次のクルマの設計に入り、6か月後の1929年10月には〈シュタイア・アウストリア〉を完成させる。このクルマは大型車であって、5,300cc・OHV・8気筒・100hpエンジンであった。ポルシェ自身がこのクルマを運転して、ウィーンからパリまで1,144kmを走破して(平均77km/h)、1929年10月のパリ自動車ショー(1889年に第1回が開かれた、歴史を誇る世界最大級の自動車展示会)に展示した。この〈シュタイア・アウストリア〉は「ショーの中での最もモダンな型の一つ」と評価され、大勢の人がつめかけた。

ところが、このショーの期間中に1929年10月24日(暗黒の木曜日)、例の世界大恐慌がニューヨークで始まり、直ちにドイツに波及する。ポルシェはこのニュースを宿泊しているホテル・ド・パリで見たドイツ語新聞で知った。ウィーンの「オーストリア土地信用金庫」が倒産し、「王室信用金庫」に吸収されるだろうと報道されていた。ポルシェは状況を直ちに理解し、暗澹たる気持ちになる。

「オーストリア土地信用金庫」はシュタイア社の筆頭取引銀行であり、「王室信用金庫」はライバルのアウストロ・ダイムラーの主要取引銀行である。このときポルシェが勤務していたシュタイア社は、当然、かつてポルシェが喧嘩別れしたアウストロ・ダイムラー社に吸収・合併される運命にあるだろう。事実、アウストロ・ダイムラーの社史には、1930年の条に(月日を示さずに)、「シュタイア社と利益共同体」となったとある。両社の「利益共同体」の形成は、やがて合併へと進むであろう。

1929年秋には、ポルシェは、1923年4月に喧嘩別れしたアウストロ・ダイムラー社と一緒になるくらいなら、これ以上仕事を続けるわけには行かないと決意を固める。1930年に両社による「利益共同体」形成後、シュタイア社におけるポルシェの自主性は著しく

1929年シュタイア・アウストリア。シュタイア社のフラッグシップ車ともいえる大型高級車だった。この年のパリオートサロンでも好評だった。

制限され、パリ自動車ショーで好評だった〈シュタイア・アウストリア〉車の生産も中止となった。

ポルシェは「自分自身で設計事務所を設立しよう」と決意し、最も信頼する部下カール・ラーベに相談した。彼は即座に「新しく設立されるポルシェ設計事務所に参りましょう」と答えた。しかし、一体、どこに事務所を開いたらよいのだろうか。

ポルシェのシュタイア社時代は、1929年1月2日から1930年12月1日（55歳3か月）までの1年11か月間と短期間であった。

註

1）メルセデス・コンプレッソアMercedes Kompressorのコンプレッサーはスーパーチャージャーを意味する。エンジン性能を向上させる手段として同社では過給機を装着する伝統がつくられている。

2）『ヒトラーの金脈』によれば、ヒトラーはフォードから激しい反ユダヤ主義をも学び取ったようだ。フォードの著作『わが生涯と事業』、『今日と明日』、『国際的ユダヤ人』のドイツ語版（この3冊は1923年に出てドイツでベストセラーになっていた）を繰り返し読んだが、もっとも大きな影響を受けたものは、実は『国際的ユダヤ人』であったという。

3）ホップフィンガーは1枚の写真、すなわち、ヒトラー釈放後のおそらく1925年の春、ヒトラーが黒のレインコートを着て、〈メルセデス・カブリオレ〉のステップに足を乗せ、運転席にはヴェルリーンが座っている珍しい写真を紹介しながら、これ以後、ヒトラーはヴェルリーンを数少ない真の友人と見なし、アポイントメントなしにヒトラーとじかにいつでも面会できるという特権を得ることになると指摘している。

4）引用は西牟田祐二「軍需産業としてのダイムラー・ベンツ社」（所収『社会科学研究』第40巻第6号、1989、152頁）。ただし下記の書物に収録される際、本文中に引用した、このカッコ内の文章は省かれた（下記著作76頁参照）。キッセルは本文に見られるようにポルシェの「同志」であり、この文章は誤解を招きやすいと判断されたからであろうか。また西牟田教授の依拠したこの資料はポルシェ10月辞任説を裏付けるものであるが、同教授はポルシェの辞任を11月としている（西牟田祐二『ナチズムとドイツ自動車工業』有斐閣、58、76頁）。ホップフィンガーはポルシェが1928年10月にダイムラー・ベンツ社を辞任したという。

# 第3章 ポルシェ設計事務所での活動

## ワイマール期(2) Konstruktionsbüro＋〈Wanderer〉

### ■ポルシェの独立(1930年)

ポルシェは1930年12月1日、新しい設計事務所をドイツのシュトゥットガルトのクローネン街24番地に開いた。なぜここに本拠地を置いたのか。「その理由は明白であった」とポルシェの伝記作家はいう。

つまり、第1にオーストリアはドイツに比べて受注を見込める会社が少なかったこと、第2にドイツの自動車部品工場の主な企業(ボッシュ、マーレ、ヒルトなど)がシュトゥットガルトに集中していたからであり、第3にポルシェの自宅(ニーベル博士が管理してくれている)がここにあったからである。さらに、第4の理由として、ポルシェはこのシュトゥットガルトを自分の第2の故郷と思い始めていたということもあろう。

1930年代のシュトゥットガルト・クローネン街24番地の光景。

こうして「名誉工学博士フェルディナント・ポルシェ有限会社、エンジン・自動車・航空機・船舶製造の設計事務所」がクローネン街に開店した。これが、このときの正式な会社名である(以下、単に「設計事務所」と略称する)。エンジン・クルマは当然として、航空機・船舶製造の設計も引き受けますという。ポル

シェの並々ならぬ自信の宣言といえようか。なお同社は、翌1931年4月25日に正式に商標登録を登記し、正式社名は「名誉工学博士F・ポルシェ有限会社、エンジン・自動車製造の設計・相談」と後半部が変更されている[1)]。

アウストロ・ダイムラー以来の長いつきあいとなるカール・ラーベ(右)とポルシェ。

この設計事務所には、ポルシェを慕う各分野の設計の俊才が結集した。

営業担当ではアドルフ・ローゼンベルガー、彼は卓越した営業マンであると同時に、これまた卓越したレーシングドライバーであって、ポルシェ車を駆って世界の強豪と競って好成績を上げていた。彼はユダヤ系であったので1933年1月30日退職し、アメリカに亡命し名前を変えて、ポルシェ設計事務所の仕事を援助した。

設計主任のカール・ラーベ、彼は1913年にアウストロ・ダイムラー社にやって来て、ポルシェがその才能を見込んで23歳のこの若者を同社の主任設計士に抜擢して以来の仲で、ポルシェの独立を知ってシュタイア社を辞めて参加した。

エンジン担当のヨーゼフ・カーレス、彼は空冷エンジン設計の専門家でチェコスロヴァキアのシュコダ社で空冷エンジンの開発に関わっていた。1913年7月シュコダ社とアウストロ・ダイムラー社が合併し、ポルシェがピルゼンのシュコダ社の技術指導者として赴任して以来の仲である。

さらに、シャシー・トランスミッション担当のカール・フレーリヒ、車軸・スプリング・ハンドル担当のヨーゼフ・ツァーラトニクが加わった。この二人は、各自の部門で優れた設計士で、いずれもポルシェのシュタイア社時代の仲間で、同社を去ってここに結集したのである。

忘れてならないのが、21歳のポルシェの長男フェリー・ポルシェ、彼はロバート・ボッシュ社の徒弟を終えて、この新会社創立に参画した。また、ゴルディンガーは1910年アウストロ・ダイムラー社にポルシェの推薦でドライバーとして入社以来の、有能なポルシェのお抱え運転手兼メカニックである。

開所後まもなく(2週間ほどか)してから、さらにボディ担当のクサーファー・ライ

壮年となったポルシェと長男フェリー。

ムシュピース、エルヴィン・コメンダ、流体力学担当のヨーゼフ・ミクルの三人が加わった。

ライムシュピースは1915年以来ポルシェのアウストロ・ダイムラー時代の仲間であり、コメンダもボディ設計の専門家でアウストロ・ダイムラー時代からの仲間である。数学者・流体力学を専門とするミクルは1917年以来、ポルシェと接触を保っていた。

かれらは、ポルシェを中心に、あたかも「一家」のような和やかな雰囲気と強い団結力と途方もない技術力とを発揮した。これがポルシェの理想郷「工学のアルカディア」の原風景に他ならない。

ときにポルシェ55歳、独立後のポルシェの設計事務所は、しかしながら、顧客の気まぐれに翻弄されて幾度もの経営危機を迎えることになったばかりでなく、フェリーの自伝によれば、ポルシェと彼のスタッフの「設計プランがあまりにも大胆で、はるか彼方の未来に向かって」いることで、営業上の採算性を全く無視したために、再三にわたって現金不足で「給与を分割払い」にしなければならないこともあった。

## ■2リッター・ヴァンデラーの開発（1931年）

ポルシェ設計事務所の最初の仕事は、ザクセンのケムニッツにあるヴァンデラー社からの依頼で完成した〈2リッター・ヴァンデラー〉と呼ばれるクルマで、設計番号は7番とされた。

ポルシェの伝記作家によれば、「発注者に自分たちが最初のお客さんだと思われたくなかったから」、1番ではなくて7番から始めたという。ヴァンデラーは、1931年には完成し、すぐに量産されて大変な人気を得たという。

エンジンは水冷・直列・6気筒・OHV、排気量は1,950cc、出力は40hp/3,500rpm、U字型圧延鋼のフレーム・鋼製ボディ、前軸はリジッドタイプで、後ろはスィングアクスルの上に板ばねのサスペンション、ホイールベース3,000mm・全長4,500mm、重量1,275kg、最高速度100km/hである。

2リッター40馬力のヴァンデラーのエンジン。

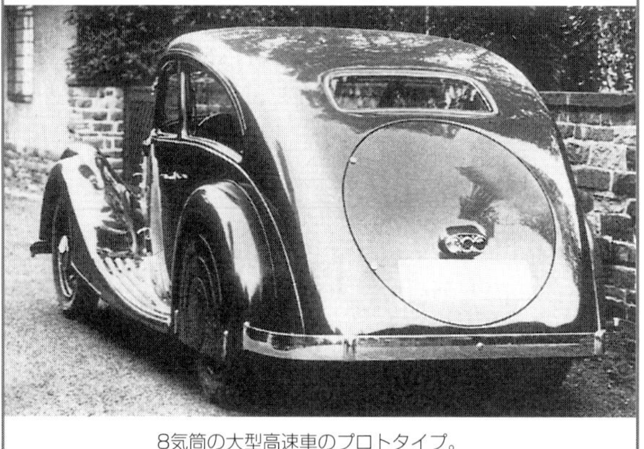
8気筒の大型高速車のプロトタイプ。

ヴァンデラー社からは、2リッターのほかに大型高速車も依頼され、8気筒3,250cc車の開発が進められた。尾部が当時としては極めてモダンな流線型(VWの尾部に類似している)に仕上げられており、作動スイッチ付きスーパーチャージャーが取り付けられていた。

しかしながら、この美しいクルマはプロトタイプ(1台)だけで終わって、ポルシェの自家用車になった。

というのも、世界恐慌によって、ドイツ産業界には激しい淘汰と資本集中が見られ、自動車産業も、その影響を大きく受けることになったからである。経営不振に陥ったDKW[2]を中心に、アウディ、ホルヒ、そしてヴァンデラーの4社は、ザクセン邦政府の肝煎りで、半官半民のアウト・ウニオン社として統合された。1932年6月29日のことである。

民族系ではダイムラー・ベンツ社に次ぐ、資本規模・売上高を誇る巨大な自動車メーカーとなった。今日のアウディの「4つの銀輪」は、このときの4社を表している。この合併のため、ヴァンデラー社は大型車の生産を止め、ポルシェ社との契約は解消された。〈ザッシャ〉に次いで、ポルシェの大衆車構想の2度目の挫折である。

1931年から32年にかけて、ポルシェ設計事務所の台所は火の車の状態となった。節約したり生命保険を担保に資金を調達したりして、何とか食いつなぐ。運転資金にもこと欠き、給料は何か月も欠配という、その日暮らしであった。

オープントップのヴァンデラー。ポルシェの設計番号7。スタンダードサイズのセダンで1931年から33年までつくられた。

そんななかにあって、ポルシェは1931年8月10日にトーションバーの特許を出願した。これはポルシェの指導のもとにカール・ラーベが開発したもので、自動車技術の最後の重要な発明とされており、もし他の業績が何もなかったとしても、このトーションバーの開発だけで、ポルシェは自動車技術史に名を残しただろうといわれている。

バネとしてきわめてシンプルなものであることから、トーションバーはフランスのシトロエン、イギリスのモーリス・モーターズ、スタンダード・モーター、スウェーデンのボルボ、イタリアのアルファロメオなどが採用した。

この特許料の収入で、ポルシェ設計事務所の財政もすこしは楽になった。このトーションバースプリングを用いたサスペンションは、後の〈フォルクス・ワーゲン〉はも

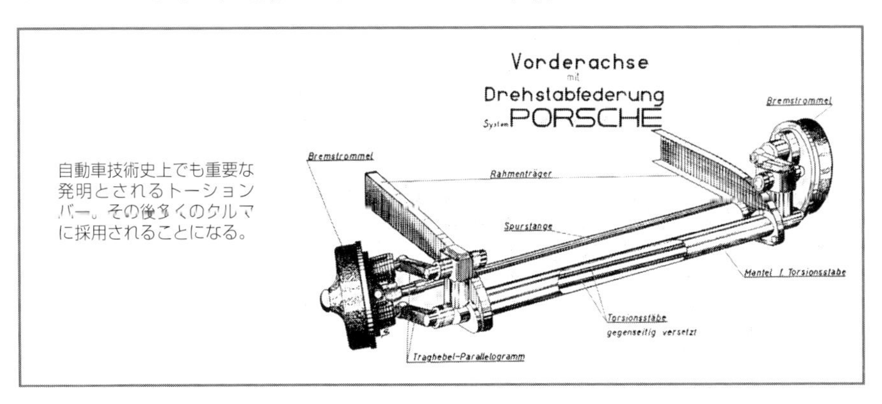


自動車技術史上でも重要な発明とされるトーションバー。その後多くのクルマに採用されることになる。

ちろん、アウト・ウニオン社のレーシングカーまで広く用いられた。

## ■ツュンダップ、ポルシェ12型(1932年)

そこに注文が入った。1931年9月末、今度はニュルンベルクにあるツュンダップ社である。同社はオートバイづくりで苦境に陥り、小型自動車の製造を始めるため、ポルシェに設計を依頼してきたのである。

社主のフリッツ・ノイマイアー名誉工学博士は、1925年頃からすでに小型車の開発のアイデアを持っており、これを〈フォルクスアウト(国民車)〉と呼んでいた。ポルシェは、すでに自分の考える小型車のイメージを固めており、それを元にして設計図の基本をつくり上げていた。したがって、このときに依頼を受けたものは、それに近いもので、直ちに取り掛かった。

1931年12月から32年3月末には設計図(設計番号12)が完成する。これが後の〈VW〉の卵ともいうべき〈ポルシェ12型〉で、3台のプロトタイプが1932年中に完成する。

後の〈VW〉との構造上の類似点は、エンジンはリアアクスルの後ろに置かれ、ギアボックスはリアアクスルの前に配置されたリアエンジンである。中央鋼管フレーム(初めて採用されたバックボーンフレーム)、2ドア流線型ボディ、前部に置かれたスペアタイヤなども同じである。

エンジンについては、ポルシェは空冷・水平対向・4気筒を望んだが、ノイマイアーのたっての願いで、水冷・星型・5気筒のエンジンとなった。ノイマイアーは研究開発費・テスト費として8万5,000マルクを払った

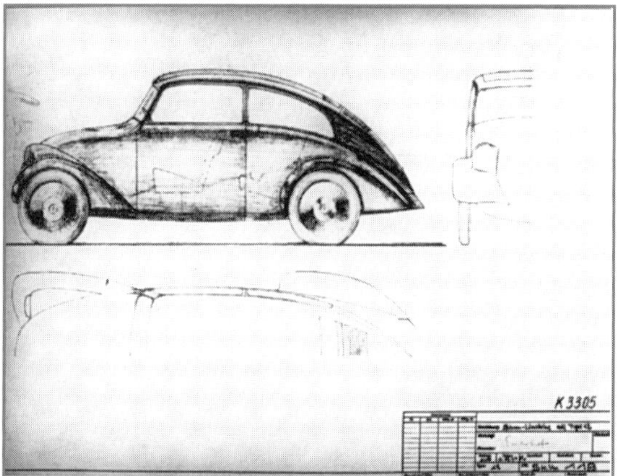

1932年ポルシェ12型のイメージスケッチ。

ツュンダップ社のためのポルシェ12型プロトタイプクーペ型。

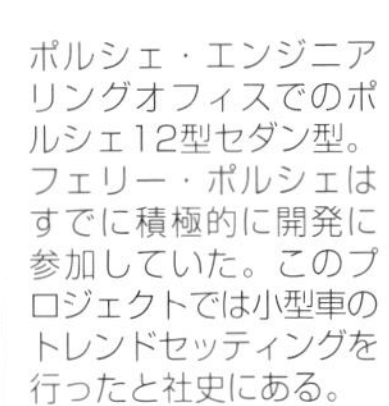

ポルシェ・エンジニアリングオフィスでのポルシェ12型セダン型。フェリー・ポルシェはすでに積極的に開発に参加していた。このプロジェクトでは小型車のトレンドセッティングを行ったと社史にある。

が、やがてオートバイ事業も好調となり、自動車生産から手を引いてしまった。自分の小型車構想を支援してくれる人が現れたと喜んだのも束の間、この契約は消滅されてしまい、再びポルシェ設計事務所は火の車となる。ポルシェによる大衆車開発の3回目の挫折であった。

## ■ポルシェのソヴィエト訪問(1932年)

1932年春(4月以降か)、ポルシェはスターリンのソヴィエト連邦(現ロシア)政府から招待され、4週間あまりも滞在して、キエフ、クルクス、オデッサ、クリミアなどの自動車・戦車・トラクター・飛行機などの工場はもちろん、ロシア人にも機密になっている施設も視察を許された。

ポルシェはこのときにソヴィエト連邦の全産業・全資源・全労働者を意のままに使って「ロシア」を工業化する、「国家設計家」という破格の待遇を約束された。これにはさすがのポルシェも動揺したようだ。

ところで、ポルシェの伝記作家はポルシェが自分の「三つの夢」である①安価で高性能の小型車、②技術的可能性の限界を極めたレーシングカー及びスポーツカー、③農業用トラクターの実現、を明確に自覚するのは、このソヴィエト連邦訪問中であったと伝えている。

ポルシェはここソヴィエト連邦では①と②の条件を満たすことができないこと、そして何よりもポルシェは自分の故郷(オーストリア・ハンガリー帝国、今ではチェコスロバキアとドイツ・ドイツ語)から離れられないことを強く自覚する。

こうして彼はソヴィエト連邦政府に謝辞して、彼の帰国を待ち焦がれているシュトゥットガルトに急遽戻り、再び苦しい経営に身を投ずる。

ポルシェは、ソヴィエト連邦から帰国してのち1932年12月に、ワイマール期最後のシュライイッヒャー内閣(1932年12月3日～1933年1月28日)の経済省に小型車構想を含むドイツ自動車振興のための「覚書」を提出している。この短命の内閣は、すぐにヒトラー内閣と交代する運命にある。経済省でもろくに検討もされないまま、ポルシェによる「覚書」は金庫の中で眠ってしまったようで、政府からは何の応答もなかった。

ポルシェは自分の小型車構想を実現するために、政府に「建言書」を提出したのであるが、『VWストーリー』の著者であるスロニガーは、ポルシェと後のヒトラー政権との協力関係を念頭に置きつつ、次のように述べている。

> 「ポルシェ博士は、興味の中心が技術的な問題の解決のみに凝り固まってはいたが、自分が夢に描いていた小型車を現実のものとするためには、決して純朴なままではなかった。自動車の設計ができた以上、それを生産して大衆に与えない理由はまったくなく、もし悪魔が地獄に工場を建てて、地獄の力で売ってやるといったら、ポルシェ博士はその自動車に悪魔という名前でも付けたと思うし、すぐに試作に取りかかったと思う。ポルシェ博士は決して無私の神様ではなかった。彼は国民車こそ彼のライフワークの頂点になるものだと感じただけなのだ」

スロニガーは、ポルシェの技術至上主義と無政治性を強調していささか過激な表現をしているが、ポルシェの本音(工学のアルカディア性)をいい当てているのかもしれない。

## ■NSU社からのポルシェ32型の受注(1932年)

ポルシェ設計事務所の経済的苦境を救ったのは、今度はフリッツ・フォン・ファルケンハインを総支配人(Generaldirektor)とする、ネッカー川沿いのハイルブロン町にあるNSU社(エン・エス・ウー、ネッカーズルマー・ファールツォイク・ヴェルケ社)である。1932年12月初めころ、同社から小型車の注文を受けた。ポルシェ設計番号32番の図面は、1933年の前半にはでき上がり、最終的には1934年1月に完成する。これが〈ポルシェ32型〉である。

エンジンは、空冷・水平対向・4気筒・OHV・リアエンジン配置、排気量1,470cc、出力28hp/3,300rpm、前進4速、シャシー・ボディは中央バックボーンフレーム・鋼製ボディ・トーションバー採用の全輪独立懸架、最高速度は112km/hである。ただし「ひどい騒音を発した」という[3]。

ポルシェたちが、〈ポルシェ32型〉の設計・製作に傾注しているあいだに、ワイマー

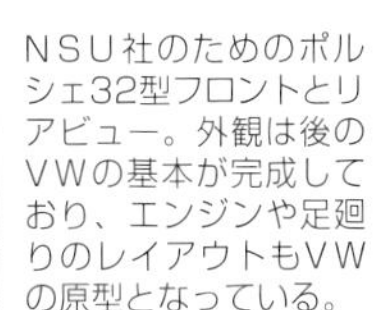

NSU社のためのポルシェ32型フロントとリアビュー。外観は後のVWの基本が完成しており、エンジンや足廻りのレイアウトもVWの原型となっている。

シンプルなコクピット。

ル時代はいつしか終わりを告げ、ヒトラーの時代・ナチスの時代へと大きく転換して行き、ポルシェ設計事務所とポルシェ自身に、劇的な変化をもたらすのである。

この〈ポルシェ32型〉の最大の特色は、1912年以来初めて空冷水平対向エンジンを搭載したこと、懸架システムにトーションバーを使用したことである。

また、この〈ポルシェ32型〉は、排気量とホイールベースとが縮小され、エンジンはリアエンジンからミッドシップ(ギアボックスをエンジンの後ろに配置)に変えられて、後の〈VW〉試作車(3台)に引き継がれる。〈ポルシェ32型〉が、〈VW〉の原型、つまり「本当の意味での先駆車」といわれるゆえんであり、外形スタイルは〈VW〉に酷似している。

1934年春には、長距離走行テストを行っているが、これもまた3台のプロトタイプ(ただし最初の2台は木製フレームに人造皮革を張ったもの)がつくられただけで終わってしまう。NSU社もツュンダップ社と全く同様に、本業のオートバイが忙しくなって自動車から手を引いてしまうのである。

NSU社から受け取ったデザイン料とテスト実験費用は、全くの焼け石に水であっ

1933年ポルシェオフィス前のNSUプロトタイプ。走行テストも行われていたが、結局生産には至らなかった。

た。ポルシェによる小型大衆車開発の4回目の挫折である。フェリー・ポルシェの言葉によれば「ポルシェ社の資金不足は果てしなく続き、耐えがたい苦悩の日が続いた」のである。

## ■ワイマール共和国の崩壊(1933年)

帝政崩壊後のドイツにおける国会選挙は、1919年1月19日の国民議会選挙、1920年6月6日に行われた第1回国会選挙からナチ掌権後の1933年3月5日に行われた第8回国会選挙まで、全部で9回ある。ナチ党が選挙に登場するのは、1924年5月4日の第2回国会選挙(通算第3回)からである。

この間、ナチ党は第2回国会選挙で32議席を確保、1930年9月14日の第5回国会選挙では107議席まで伸びて143議席の社会民主党をおびやかし、そして、ついに1932年7月31日の第6回選挙でヒトラーのナチス党が230議席で第一党となり、1933年1月30日には政権を獲得する。なぜ、ナチ党が国民の支持を得たのだろうか。

第1に、経済社会的背景であろう。1919年1月19日の国民議会選挙以降、社会民主党が一貫して第一党であったが、それが逆転してナチ党が第一党になるのが1932年7月31日の第6回(通算第7回)選挙からである。これは1929年10月24日「暗黒の木曜日」に始まる世界大恐慌によってドイツ経済が1932年にどん底に落ち、ワイマール期の失業者は最多の600万を超え、生産は40%以下に落ちたことによる。失業者の増大は現体制への憤懣を激化させた。

第2の要因は、人民党と民主党の凋落である。人民党はシュトレーゼマンを党首にいただき大・中企業を支持母体とするが、最盛期に比べてほぼ60議席を失い、かつ

ベルリンの帝国議会議事堂。

中産階級や知識人を母体とする民主党(後に国家党と改名)もほぼ70議席を失っている。単純化していえば、中産階級の大崩壊によってナチ党に票が流れたと見てよいだろう。

第3に、ナチ党を積極的に支持したのが、工業界の有力者たちであって、自己の利益を追求してナチ党に大きな物質的精神的援助を与えたのである。ダイムラー・ベンツ社を例に取れば、1932年5月13日に、ヒトラーはダイムラー・ベンツ社の社長W・キッセルに「すべてのナチ党員が、メルセデス・ベンツ車に乗るだろう。それは貴社にとっても多大の宣伝効果を持つだろう」と書き送っている。その見返りに、同社は、ヴェルリーンを通じて、1932年3月13日と同年4月10日の2度の大統領選挙と、同年7月31日及び11月6日の2度にわたる国会選挙に、大型車、トラックなどを確保したのである。

第4に、政治舞台における右翼と左翼の動向である。フォン・パーペン、フォン・シュライッヒャーは、ワイマール共和国よりも第二帝国のほうが良いと思ってナチ党を支持した。社会民主党と共産党の左翼勢力は、最後まで強力であったが、党利にとらわれて共闘できなかった。そして止めの一撃として、ヒンデンブルクなどのドイツ国防軍が最後の土壇場でヒトラー支持に回ることになる。

第5に、ナチ党の宣伝と宣伝戦術とが巧妙を極めた点である。反共・反ユダヤ・反ヴェルサイユ体制・再軍備・完全雇用などの政策を、暴力的に力強く、単純に、何千回も反復した。しかも自動車・飛行機を利用して最大限の機動力を発揮してドイツ全土を巡回する、暴力と流血を伴う選挙遊説戦略をとった。

このようにして、ワイマール最末期の政局が大きく転換しているとき、ポルシェたちは、それを気に止めることなく、ひたすらNSU社の注文に関わる小型車の設計・開発に没頭していた。

註

1)ポルシェ設計事務所の最初の名称は「Dr.-Ing.h.c. Ferdinand Porsche GmbH,Konstruktionsbüro für Motoren-,Fahrzeug-,Luftfahrzeug-und Wasserfahrzeugbau」であり、後半部が変更された「おとなしい」名称は「Dr.Ing.h.c.F.Porsche GmbH, Konstruktionen und Beratungen für Motoren und Fahlzeugbau」である。

2)DKWはDampf Kraft Wagen・蒸気自動車の頭文字で、ツショッパウエルZschopauer・モトーレン・ヴェルクのこと。

3)ドアは二つ、前方開きである(のちVW38では後方開きに変わる)。なお、このうちの1台が戦後の1945年偶然に発見された。既走走行距離32万km、その時点で115km/hで見事に走行したという。

# 第4章 VW計画の始まり

## ナチス期(1) 〈Volkswagen〉+Hitler

ポルシェ設計事務所がNSU社から受けた小型車〈32型〉の開発を始めた直後、1933年1月30日(月曜日)11時15分過ぎ、ヒトラーを首班とするヒトラー内閣が発足した。このとき、ポルシェ設計事務所は経営的苦境とも戦っていたが、ヒトラーがドイツ国家の首相になったことで、ポルシェだけでなく、国際政治そのものに、甚大な影響を及ぼすことになる。

成立したヒトラー政権は、ナチ党とドイツ国家人民党との「右翼連立政権」であり、「新右翼」のナチ党から3名、「旧右翼(国家人民党などの保守派・貴族)」から8名の大臣によって構成される内閣であった。

副首相となった国家人民党のフォン・パーペンは、元首相の自分がナチを抑え、8名の同志とともに内閣の主導権を握れるものと確信していた。同じくアルフレート・フーゲンベルクも、自分たちが「ヒトラーのやつに枠をはめてやる」と自信満々であった。つまり、パーペンら保守派の政治家も国防軍の将軍たちもドイツ国立銀行総裁のシャハトらも、簡単にヒトラーを「抑制」できるものと高を括っていたのである。

ヒトラーが首相に任命されて4日後の2月3日、フォン・ハマーシュタイン将軍の官邸での夕食会で、国防省の司令官たちに向かって、2時間にわたってヒトラーは演説した。そのなかで、ヒトラーは本音を率直に吐露した。その核心は、①平和主義とマルキシズムと民主主義とを根絶すること、②再軍備はドイツ復興の最大の急務であること、③東方における新たな「生存空間」の獲得とその仮借ないゲルマン化を遂行することであった。

## ■ドイツ自動車工業の発展とヒトラー成功の6年

ヒトラーは、1937年11月5日戦争を決意するが、戦時経済に移行する1938年3月まで

| | | 1932 | 1933 | 1934 | 1935 | 1936 | 1937 | 1938 |
|---|---|---|---|---|---|---|---|---|
| アメリカ | 乗用車 | 113.6 | 157.3 | 217.8 | 325.2 | 367.0 | 391.6 | 200.1 |
| | トラック+バス | 23.5 | 34.7 | 57.5 | 69.5 | 78.4 | 89.3 | 48.9 |
| | オートバイ | 1.5 | 0.7 | 1.1 | 1.4 | 1.7 | 1.8 | 1.3 |
| イギリス | 乗用車 | 18.8 | 22.5 | 26.6 | 32.5 | 36.7 | 37.9 | 34.1 |
| | トラック+バス | 6.0 | 7.1 | 8.9 | 9.2 | 11.4 | 11.4 | 10.4 |
| | オートバイ | 6.9 | 5.7 | 6.1 | 6.4 | 6.5 | 8.1 | 6.5 |
| フランス | 乗用車 | 14.3 | 16.1 | 16.4 | 14.6 | 18.0 | 17.7 | 20.0 |
| | トラック+バス | 2.9 | 2.8 | 2.3 | 2.0 | 2.3 | 2.3 | 2.3 |
| | オートバイ | 4.3 | 3.7 | 2.8 | 2.0 | 1.8 | 1.3 | 1.3 |
| ドイツ | 乗用車 | 4.2 | 8.7 | 14.5 | 20.4 | 24.4 | 26.9 | 27.7 |
| | トラック+バス | 0.8 | 1.2 | 2.7 | 4.1 | 5.8 | 6.3 | 6.5 |
| | オートバイ | 4.7 | 5.3 | 10.0 | 12.9 | 16.0 | 17.3 | 20.1 |

※オートバイは2輪、3輪を含む。単位：万台
出典：大島隆雄「両大戦間期のドイツ自動車工業(2)」

1932~1938年の主要国自動車生産台数

のあいだは、牙を隠して「完全雇用」など福祉政策を高唱する。つまり、一方では、政権獲得からほぼ半年後の1933年7月14日「政党の新たな結成を禁止する法律」で、いわゆる強制的画一化・ナチ党の一党独裁体制を完成させ、他方では国民のための福祉国家の装いのもとに、いわば「ヒトラー成功の6年」(1933年1月30日～1939年9月1日)をつくり出すのである。

その政策の核となるもののひとつが「ドイツのモータリゼーション推進政策」であり、「アウトバーン建設」と「フォルクス・ワーゲン・プロジェクト」にほかならない。この政策が再軍備・生存空間の拡大とともに、ドイツ経済の復活に果たした役割は、きわめて大きなものがあった。

ワイマール最後の1932年から1938年大戦開始前までの「自動車生産台数」の、主要国との対比を表で示しておく。上の表から、ドイツにおいては、1933年ヒトラーが政権を取ってからモータリゼーションが急速に進展していること、ドイツはオートバイの生産では一桁違いで世界一であること、またアメリカが乗用車、トラック・バスの生産において、これまた一桁違いで世界一であることがわかる。

ヒトラーは首相に任命された12日後の1933年2月11日、「モータリゼーションへの意思」を標語とする「国際自動車オートバイ・ショー、ベルリン」(以下「自動車ショー」と略称[1])の開会式で、次のように挨拶した。クルマに対する並々ならぬ関心を示すとともに、自動車産業の発展とモータリゼーションの興隆を図る政策を打ち出したのである。ヴォルフガング・ザックス『自動車への愛』(1995)によって示せば、

「飛行機と並んで、自動車は人類にとって非常に優れた交通手段となりました。ドイツがこの驚嘆すべき道具の発展と製造に最大の寄与を果たしたことを知ることは、わが民族にとっての誇りであります。帝国大統領の委任によって、この産業を代表する皆様の前でお話をする名誉を与えられました以上は、この機会を無駄にしないために、最重要ともいえるこの産業の振興のためには将来何が必要かについて、皆様に私見を申し述べたいと思います。第一は、国家的な利害にかかわる自動車交通を在来の交通の枠組みから分離すること、第二は、自動車税を漸次低減してゆくこと、第三には、大規模な道路建設計画を立案し

これを実行すること、第四は、自動車競技の催しを振興すること。かつては馬車のために道がつくられ、鉄道のために路線が敷かれたのと同様に、自動車もそれにふさわしい自動車専用道路を持つ必要があります。以前は各国の民度を鉄道路線の総延長で測ろうとする試みがしばしばなされましたが、将来は自動車のための道路の総延長がそれに取って代わるでありましょう」

こうして突如、全ドイツを「モータリゼーションへの意思」が支配することになった。自動車産業界にとっては、クルマの需要を抑制している自動車税の低減は歓迎すべきものであった。道路建設業界は、全帝国をおおう自動車専用道の建設にばら色の将来を見た。ナチス自動車軍団(NSKK)はあらゆる自動車競技を支配する権力を与えられ満足した。失業者は仕事にありつけると喜んだ。

そして、政治音痴のポルシェ家でも、自伝によれば「こうした機運は、高性能自動車を最終目標にしてきたわれわれの積年の夢を一歩前進させる」ものと感じていたのである。

ヒトラーの呼びかけに最初に応えたのは、ドイツ自動車産業にあっては、そのリーダー格、ダイムラー・ベンツ社であったようだ。同社はヒトラー演説からほぼ1か月後の1933年3月15日、ヒトラー首相に書簡を送り「ドイツ自動車工業の声望を著しく引き上げた」わが社は、今度は「ドイツの名望を促進するために貢献したい」、ついては「可能な限りの資金を直接用立てていただきたい」と嘆願した[2)]。ヒトラーはすでに1923年からメルセデスに乗り、1931年5月には〈グローサー・メルセデス〉を買っていたし、ダイムラー・ベンツ社の実績から、同社だけに資金を与えるつもりであった。

## ■ポルシェとヒトラー2度目の邂逅(1933年)

ところが、ダイムラー・ベンツ社のライバルであるアウト・ウニオン社も、誰もが驚いたことに、同年(1933)3月27日に同様の資金援助の嘆願書を出し、そのほぼ1か月半後の5月10日には、ヒトラーとの会見を取り付けたのである。このときに、ポルシェはアウト・ウニオン社の代表者二人に同伴して総統官邸でヒトラーと会見する。

この会見で、ポルシェはヒトラーを説得して、アウト・ウニオン社もダイムラー・ベンツ社とともに補助金を獲得してしまうのである。

フェリーによれば、ヒトラーはポルシェに会うや「博士、私は貴殿をよく覚えていますよ。1925年頃でしたかな、ゾリテューデで貴殿に会ったのは。貴殿はお忘れか？」といい、会談は和やかに始まった。

二人が最初にあったのは8年前の話であり、ゾリテューデとは、すでに触れたように、シュトゥットガルト郊外のサーキットであった。そのときヒトラーはまだ無名の存在であったが、ポルシェはダイムラー社の取締役で赫々たる名声があった。ところが8年後のこのときには、ヒトラーは今やドイツ国家の首相であって、立場は完全に逆転していた。しかし、ゾリテューデの思い出は、ヒトラーを8年前と変わらぬ「クルママニア(Autonarr)」に戻したかのようだった。

ポルシェの伝記作家は、後の1938年8月の出来ごとを語るなかで「侍従武官たちが驚いたことに、ポルシェはヒトラー総統に向かって、ただ"ヒトラーさん"と呼んでいた。しかし、ヒトラーはこのことを意に介せず、ポルシェは変わり者と見られていた」と書いているように、この二度目の邂逅、あるいはそれ以降の会談にあっても、ポルシェとヒトラーとの関係は変わらなかった。ポルシェは、これまでと同じ態度でヒトラーに接したのである。

誰をも虜にしてしまう、ポルシェの不思議な人間的魅力を、歴史学者のハンス・モムゼンは自著で次のように描いている。

> 「ポルシェは、彼の協力者たちに、ときには不機嫌になり怒りを爆発させることがあったが、ポルシェのためなら水火をも辞さない行動を取らせるような、異常な魅力を発揮した。ベーメンのマッフェルスドルフ生まれのオーストリア人として自在に発揮された、この人間的魅力は、至るところで友好関係を結ぶのに役立った。アドルフ・ヒトラーさえ、この著しく年上のポルシェの放射熱に圧倒されてしまい、ポルシェに対して絶大な尊敬の念を抱いた」

ポルシェはここでヒトラーに、自分の設計したアウト・ウニオン社のレーシングカー(V16気筒、最高速度294km/h、通称〈Pワーゲン〉)が画期的なものであり、資材と資金があれば直ちに製造に取り掛かれること、ドイツ製レーシングカーはダイムラー・ベンツ社1社ではなく2種類あったほうが有利であること、それによってドイツ製レーシングカーの素晴らしさを国際的な桧舞台で証明できることなどを強調した。

ヒトラーはV16気筒車の技術的な内容までポルシェに尋ね、ポルシェもこれに明快に解りやすく答えた。ヒトラーは完全にポルシェに説得されて、政府の補助金はダイムラー・ベンツ社だけではなく、アウト・ウニオン社にも与えられることになったのである。

ダイムラー・ベンツ社はこれに不満で直訴に及ぶと、ヒトラーはポルシェの言葉そのままに「事業は一つ行うよりも二つのほうが良いに決まっているではないか。援助金は2社で折半せよ」と突っぱねたという。

ドイツ政府の補助金は、『ナチズムとドイツ自動車工業』によれば、初年度にはダイムラー・ベンツ社が50万マルク、アウト・ウニオン社が30万マルクであったが、その後を含めて全体としてダイムラー・ベンツ社が277.5万マルク、アウト・ウニオン社が257.5万マルクを受け取った。こうしてようやく、第三帝国の「モータリゼーションへの意思」によるアウト・ウニオン社への補助金の交付は、ポルシェの事務所をいささかは潤すことになった。

ところで、ドイツの政局に目を転ずれば、ヒトラーはたちまちのうちに旧右翼を押さえつけ、ナチ党独裁体制を築き上げてしまう。1933年3月15日には新設の民族啓蒙宣伝省にヒトラーの腹心であるヨーゼフ・ゲッベルスを入閣させる。右翼の在郷軍人団(鉄兜団)の首領ゼルテは、さっさと寝返って1933年4月にはナチ党に入り、自らの組織である鉄兜団をナチの突撃隊SAに組み入れてしまう。そして「その頑固頭でヒトラーに抵抗し、押し通す」と「期待」されていた経済・農相フーゲンベルクは1933年6月29日には辞任に追い込まれ、経済相と農相はナチ党員が就任する。

1934年16気筒V型エンジンをミッドシップに積んだアウト・ウニオンのPワーゲン(ポルシェ22)のテスト。ドライバーはハンス・スタック、右端の帽子姿がポルシェ。実際のレースでも大活躍する。

こうして1933年1月30日の内閣成立時で非ナチ8名にナチ3名であった内閣の勢力比は、5か月後の1933年6月29日の時点では、非ナチ6名、ナチ7名と逆転する。副首相のパーペンの指導権を完全に封じ込め孤立させ、1934年8月7日には追い出す。

## ■ヒトラーによる国民のためのクルマ構想(1933年)

ところで、国威を輝かすレーシングカーではなくて、国民のためのクルマすなわち〈フォルクス・ワーゲン(Volks wagen)〉の構想は、いつ誰によって案出されたのであろうか。大島隆雄教授は、イギリスの研究者リチャード・J・オーヴァリの説を引用して、1933年9月のポルシェとヒトラーとの会見の中で、ヒトラーから出されたものと述べている。すでに指摘したように、実はヒトラーはすでに1924年獄中にあって、「多くの失業者に職を与える」べく、「国民をより近く結び付ける高速道路網を建設し、誰でも買える小型の経済車を大量生産する」ことを考えていた。

ポルシェの伝記作家も、日付を記さずに、その経緯を次のように述べている。

> 「ポルシェ事務所で60型、対外的には〈VW38〉と名付けられたあのフォルクス・ワーゲンの設計及び製作に対する基礎は、1933年から34年にかかる冬の二つの事柄によって確立された。第一は、ダイムラー・ベンツ社の支配人(取締役)ヴェルリーンの仲介により、ポルシェがヒトラーから首相官房(官邸)に呼ばれたことである。この際、彼(ヒトラー)はポルシェに自分の民衆車に対するアイデアを述べ、命ずるようにそり返って言った。『ポルシェ博士、値段ですか？1,000マルク以下ならいくらでもよろしい。是非それで設計しなさい』。第二は、それに基づいてポルシェが1934年1月17日付けで、ドイツ民衆車の政策に関し覚書を出したことである」

ヤーコプ・ヴェルリーンは、ダイムラー社のミュンヘン支店長を勤めていたこともあり、ポルシェの昔からの知人であって、クルマを通じて、1923年頃からヒトラーやゲーリングと懇意であった。1923年、25年、31年と、ヒトラーに〈メルセデス〉を買わせたのは彼であろう。このヴェルリーンは、1933年4月25日にはダイムラー・ベンツ社の取締役(12名中の1人)となっていたが、このときすでにアウト・ウニオン社のレーシングカー製作中であったポルシェに救いの手を差し伸べ、ヒトラーとの会見をお膳立てしたのである。

伝記にいう「第一」の事柄とは、この1933年9月における歴史的な〈VWプロジェクト〉の発足を告げるエピソードである。ホップフィンガーによれば、「1933年秋」かねてからポルシェを高く評価しているヤーコプ・ヴェルリーンが仲介して、「電話では話せない急用がある」といって電話でポルシェをベルリンのカイザーホーフ・ホテルに呼び出し(午後4時)、ヒトラーに会わせたという。

そこで、ヴェルリーンはポルシェに、「ヒトラーさんはアウト・ウニオン・レーシングカー・プロジェクトに関してあなた(ポルシェのこと)に会って、才能ある専門の設計家の、高度な見解を拝聴した。結論からいわせてもらえば、ヒトラーさんは小型車開発の可能性に大変興味を持っており、あと数分でここに来るでしょう。あなたはこの問題について彼の蒙を啓いてやっていただきたい」と言ったと伝えている。

ヴェルリーンの言葉のなかの「アウト・ウニオン・レーシングカー・プロジェクト」とは、1933年5月10日首相官邸で、いきなりゾリテューデの思い出から始まった、ポルシェとヒトラーの第二回目の邂逅での主題であった。それ以来、ヒトラーは小型車・国民車の開発についてポルシェの意見を聞きたかったようだ。

ヒトラーの個人的自動車問題の顧問であったヴェルリーンは、ヒトラーの意図を汲

ヒトラー直筆の国民車のスケッチ。甲虫型ではない。

んで「急用」と称して、ポルシェをベルリンにまで呼び出したのである。

この会談の主要点をホップフィンガー[3)]によってまとめれば、ヒトラーの構想する小型国民車〈フォルクス・ワーゲン(Volks wagen)〉の条件は、大人2人と子供3人、それに荷物を積めるスペースを持つ小型車、週末小旅行に行ける低所得家族用のクルマ、空冷の堅牢なエンジン、燃費は1ガロン40マイル(14km/リッター ほど)、新しく建設中のアウトバーンを走行できる速度を持つこと、部品の取り替えも修理も手軽に安価であること、誰もが車庫を持ちかつ買える値段であることをとうとうと語ってきた。

そのヒトラーを、ポルシェが押しとどめて尋ねる「それでは値段は？」。ヒトラーは声を出して笑って、これこそが彼の構想の最高の山場なのだから「いくらでもよろしい、ポルシェ博士、1,000マルク以下なら、いくらでもよろしい！」

「ポルシェ博士、1,000マルク以下の堅牢な国民車をつくれるか」、これはヒトラーのポルシェに対する挑発であった。この年(1933年現在)ドイツにおける乗用車生産の43.7%を占めるオペル社の大衆車ですら、1,800マルクであり、大量販売を前提にしても1,450マルクであったから、1,000マルク以下という値段は、想像を絶するものであった。

しかし、ポルシェはこの挑発に乗った。極限を追求する技術者としての自信が拒否を許さなかったのである。こうして、ヒトラーのかねてからの夢である「国民車構想」は、ポルシェという天才的設計者を得て、具体的な計画段階に移ることが可能になった。

ポルシェは、こうして、第三帝国の「技術のユートピア」に取り込まれていく。次に述べる、伝記でいう「第二」の事柄、1934年1月17日のポルシェの〈VW〉建言書が、その具体的解答に他ならない。

## ■ポルシェのVWに関する建言書(1934年)

ヒトラーとの会談ののち、1933年9月の末、ポルシェ設計事務所では全スタッフが、午後から夜に至るまで延々と会議が持たれ、ヒトラーの提示した「プロジェクト」の検討会が開かれたという。それから4か月ほど経って、1934年1月17日にポルシェはドイツ国民車の政策に関し「遺言書」を提出している。ポルシェの伝記作家によれば、

> 「私のいう国民車とは、伝統的にこれまでつくり出された乗用車のサイズ、馬力、重量などをコピー機により巧みに小さくすることで得られる小型車のことではない。私のいう国民車とは、同種の他のクルマに引けを取らない、乗用車

として充分価値のあるクルマに他ならない。したがって、従来の乗用車を国民車とするためには、私の考えでは根本的に新しい解決方法が必要なのである」

この「建言書」の内容は、①運転性能：正常な大きさの、比較的に軽重量の実用車、②正常な最高速度：優れた駆動力を持つ実用車、③正常なすなわち快適な座席配分を持つ実用車、④ボディの容易な取り替えによってあらゆる実際的諸目的（乗用車、配達車、軍用車）を満たす自動車、⑤できる限りしごく簡単な諸装置を備えた自動車、の5点である[4]。

ポルシェに関する書物などによれば、その技術的データは以下の通りである。

エンジンは最初の計画では2種類であったが、すぐに以下の3種類を候補として検討することになった。①星型2サイクル3気筒、②2サイクル直立2気筒、③空冷水平対向4サイクル4気筒OHVである。排気量は1,250cc及び1,000cc、最高出力は26hp/3,500rpm、リアエンジン配置、バックボーンフレーム、鋼製ボディ、トーションバー使用の全輪独立懸架。ホイールベース2,500mm、トレッド1,200mm、車両重量650kg、最高速度100km/h、ガソリン消費量12.5km/リッター、座席数は4であった。実際に製作された〈VW〉と多くの仕様が一致していたというから、いかに綿密に検討したものであったかがわかる。

## ■自動車ショーでの国民車構想の発表（1934年）

以上の〈VW〉の設計データをポルシェから与えられたヒトラーは、「モータリゼーションへの意思」を語った前年度の自動車ショーに引き続いて、1934年3月8日、恒例の「自動車ショー」の開会式で、初めて公に「国民車フォルクス・ワーゲン」について次のように言及する。

> 「自動車が特権階級の独占物であり続ける限り、ただでさえ限られた可能性しか持たない何百万という尊敬すべき勤勉かつ有能な同胞がこの交通手段からも排除されことになると考えることは苦痛であります。もし彼らが自由にクルマを使うことができれば、とりわけ祝日などに、彼らが今まで体験したことのなかったような大きな喜びを味わうことができるはずでありましょう。我々はかつてクルマに付きまとっていた階級的な性格、さらに遺憾ながら階級を分断させる性格を自動車から取り去らなければなりません。自動車はもはや贅沢品ではなく、消費財にならなければなりません」

この年の自動車ショーには、前年度のショーでの「モータリゼーションへの意思」に各メーカーが敏感に反応して「小型車（国民車）」が勢ぞろいした。アウト・ウニオン（DKW）は〈デー・カー・ヴェー1001型〉を、ハンザ・ロイドは〈ハンザ1000〉を、アードラー・ヴェルケは〈トルンプ・ユニオール〉を、オペルは〈P4オリンピア〉（1,200cc＋1,300cc）を、そしてダイムラー・ベンツは〈メルセデス130型（1,300cc）〉を出品した。

この〈メルセデス130型〉は、ポルシェがダイムラー・ベンツ社時代に設計したもので、セントラル・チューブフレームにリアエンジンで、ポルシェの辞任とともに途中で放棄されていたものの復活である。1933年6月28日には〈130型〉の開発を取締役会で決定し、〈130型〉の改良・作製に入るが、1934年6月になって、思わぬトラブルが発生する。販売された〈130型〉への欠陥と苦情が続出したこと、〈130型〉のリアエンジン配置に伴う構造上の問題は簡単に解決できない類のものであったこと、これによってボディの量産も困難になったことである。

1935年6月、〈130型〉の開発は完全に行き詰まり、ドイツ自動車界のリーダー格のダイムラー・ベンツ社も、小型車の開発に挫折した。ポルシェも後に触れることになるが、革命的ともいえる小型車の開発でリアエンジンを採用したが、設計・開発が大幅に遅延する。小型車の開発の難しさを知ったダイムラー・ベンツ社は、その後ポルシェの〈VW〉開発に追随・協力していくことになるのである。

## ■甲虫型(ビートル)の設計と契約(1934年)

ところで、われわれは、1932年ツュンダップ社のためにつくった〈ポルシェ12型〉を「VWの卵」と呼んだり、同じく1932年NSU社の〈ポルシェ32型〉を「VWの原型」などと呼んできたが、その甲虫のデザイン考案者は、一体誰なのだろうか。諸説紛々なのだが、ポルシェとレトヴィンカとの関係を無視することはできない。

甲虫のデザイン[5]は、〈タトラ〉にオリジナル性を認めるという説がある。タトラ社は1934年に先進的な流線型をした大型車〈タトラ〉の製造を始めていた。空冷・8気筒のエンジンをリアに搭載したものだった。この設計はハンス・レトヴィンカによるものである。後に〈VWビートル〉として知られることになる1938年の〈カー・デー・エフ・ワーゲン〉とスタイルも含めて類似していた。中央バックボーン・フレームについても、1923年に〈タトラ11〉で採用されており、これもポルシェたちは参考にすることができた[6]。

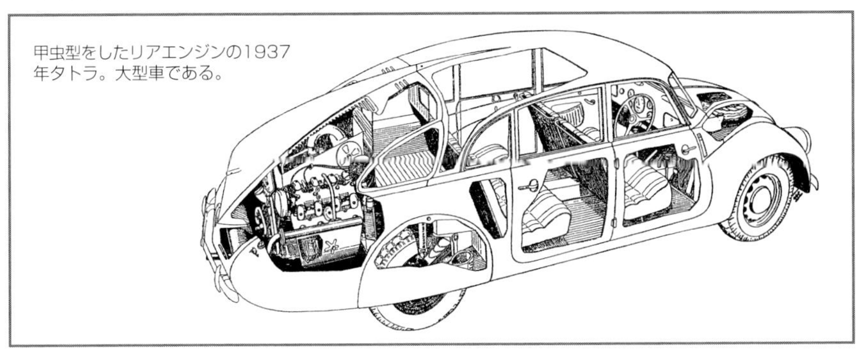
甲虫型をしたリアエンジンの1937年タトラ。大型車である。

左が1923年ハンス・レトヴィンカ設計のタトラ11のシャシー。上が1939年生産型KdFワーゲンのシャシー。フレーム構造の基本は同じだがエンジンレイアウトなどは全く異なっている。

いずれにしても、こうしたスタイルやフレームなどの機構については、優れたものは誰が先に考えたものであるかを詮索するよりも、それを実際に生かしてクルマとしての完成度を高めたものにすることが重要である。明らかな特許の侵害の場合は別にして、こうしたスタイルやフレームについては、自動車の開発に当たってはオリジナリティよりも実用化することの方が重要なのである。

ポルシェによる国民車〈VW〉の最初のデザインは、1934年4月27日には完成した。口うるさいヒトラーからも「説明はよくわかった。なかなかよさそうじゃないかね」とのお墨付きをもらったといわれる。

1934年6月22日、ポルシェ設計事務所は、ドイツ自動車工業連盟(RDA)[7]と〈VW〉の設計と試作車作製とに関する契約を結んだ。RDA側にはあらかじめヒトラーからポルシェ設計事務所が適当との指示があったようである。契約期限は10か月で、事務所には月々2万ライヒスマルクの資金が提供されることになった。価格は1シリーズ5万台を前提として900ライヒスマルクとされた。

この契約は、あまりにも短期間であること、新型車の開発にしては提供される資金が少額すぎること、日産1,000台の大量生産を可能にする工場の設立はそもそも可能かという問題があった。

フェリーの自伝にいうように、日産1,000台であるならフル稼働で年産36万余台である。しかしながら、T型フォードは1920年代では年平均100万台を超え、1923年には181万7,000台を生産していることを考えると、ずいぶん慎ましい数字ではある。ともあれ、ポルシェらは、それらの問題のある条件を気にすることもなく、勇躍して試作車の製作に取り掛かる。

この時点で、ポルシェ設計事務所は、1933年5月にヒトラーに説明したレーシングカー、16気筒V型エンジンのアウト・ウニオン〈Pワーゲン〉の開発と、1933年9月にヒトラーの要求した国民車〈VW〉との二つの仕事の掛け持ちで、多忙を極めたようである。

Pワーゲンの Pはポルシェ Porscheの頭文字を取ったものである。フェリーの自伝によれば、こちらのクルマは、1933年の末頃にはそのエンジンが完成し、1934年の春には試作車3台が完成したという。最高回転数4,500rpm、最高速度294km/h、総排気量4,358ccであった。

ポルシェ設計の〈アウト・ウニオン・Pワーゲン・タイプ22〉は、ミッドシップエンジンタイプのレーシングカーとして歴史にその名を残している。エンジンはフロントにあるのが当然の時代に、前後の重量配分を考慮して後車軸の前方にエンジンを配置したレイアウトは、1950年代後半からF1マシンで主流となるもので、い

1936年のアウト・ウニオン・レーシングカーを見るポルシェ。同じタイプ22だが、エンジンがスーパーチャージャー付きの16気筒となっている。この時重量制限が750kgだったので「750キログラムフォーミュラ」と呼ばれた。

1936年型アウト・ウニオン・タイプCポルシェ22型レーシングカー。通称P-ワーゲン。ミッドシップのエンジンで、当時としては画期的なレイアウト。V16の6リッターエンジンを積んでいた。ポルシェはタイプCではフォーミュラの他、同じ車体を利用しフルカウルのレコードカーもつくっている。ローゼマイヤーがドライブしてアウトバーンで当時の世界記録を樹立した。

シュトゥットガルト、フォイエルバッハ通りのポルシェの住まい。

かにポルシェが先駆的であったかを示している。この〈P-ワーゲン・タイプ22〉で、後述するように、ヴァンダービルト杯レースでローゼマイヤーが優勝している。

ところで、肝心の〈VW〉の方は、フェリー自伝によれば、日産1,000台を可能にするフォード式の大量生産設備を備えた工場をできるだけ早く、どこかに建設しなければならないこと、そして〈VW〉製造の予備的作業に入るにしても、資金が月2万ライヒスマルクでは少なすぎるということである。

仕方なしに、試作車の製造は、シュトゥットガルトのフォイエルバッハ通りにあるポルシェ家のガレージを工場にして、旋盤、ボール盤、切削盤、電気ドリルを使っての手作業で開始された。人員はたった12名で、仕事ははかどらず、技術的な困難が生じ、しかもダイムラー・ベンツ社などの大手メーカーは、この窮状を見ても全く手助けしなかった。こうして作業は遅滞する。

## ■ポルシェ、ドイツ名誉国民となる(1934年12月)

フェリーの自伝に、日付を示さずに、次のようなエピソードが出てくる。それは、ポルシェ事務所が1934年6月22日に、ドイツ自動車工業連盟(RDA)と〈VW〉設計契約を結び、国民車設計製造権を一手に収めたことに対する「嫉み」から出ていると、フェリーは解しているのだが、次のような話である。

「われわれの敵とみなされた人たちは、まったく残忍極まりない仕打ちをしてきたのだった。父の成功を妬ましく思っていたからだろう。彼らは手段を選ばずに是が非でもわれわれを打ちのめそうと躍起になっていた。事実、このうちの一人はヒトラーに近づき、ひそかに告げ口をしていたのだった。『閣下はまったくアウト・ウニオン社とフォルクス・ワーゲンの宣伝をしているようなものですよ。で、あのフェルディナント・ポルシェ老教授はチェコ人であることを、閣下はご存知で？』

ヒトラー総統は、こういわれても大して気にかけなかった。それがどうしたかといわんばかりに、少し肩をすくめただけだった。そして、そのことがあって2週間たつと、われわれは突然、ドイツ第三帝国のれっきとしたドイツ国民になっているのを知らされた。好むと好まざるにかかわらず、そうなってしまっていたのだった」

この引用文から判断すると、この「敵」とは、ドイツ自動車工業連盟のなかの、反アウト・ウニオン派であるようだ。ヒトラーとポルシェの離間を図った告げ口であったが、ヒトラーの「鶴の一声」でポルシェの国籍がチェコスロヴァキア国籍からドイツ国籍に変更されてしまった。

フェリーの自伝では「選択権がわれわれにはない」と言っているから、チェコスロヴァキア国籍を離脱させられてドイツ国籍を取得したことになる。ただし自伝にいう「われわれ」の範囲であるが、国籍の変更はポルシェ一家だけなのか、ポルシェの仲間たちにまで及んだのかは不明である。

## ■1935年の自動車ショー

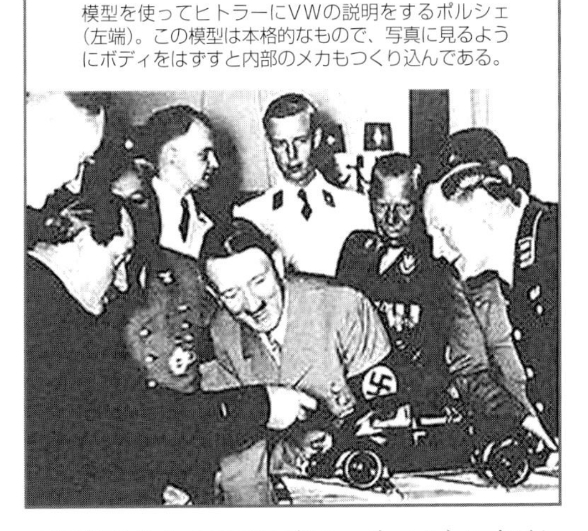

模型を使ってヒトラーにVWの説明をするポルシェ(左端)。この模型は本格的なもので、写真に見るようにボディをはずすと内部のメカもつくり込んである。

ポルシェは1935年1月の時点で、最初の契約期限である1935年4月22日までに〈VW〉を完成させることが困難であると判断して、ドイツ自動車工業連盟(RDA)に1年間の延長を申し入れ承認されていた。新しい契約期限は1936年3月31日となった。

ところが、ヒトラーはこの契約条件の変更を知らされていなかったらしい。恒例の1935年自動車ショー(2月14日～3月3日。参加人数59万人)[8]の開会式で、ヒトラーは初めてポルシェの名を明らかにし、目下開発途上の〈VW〉に触れ、次のように宣言したのである。

「私が最も欣快に思っていることは、輝ける技術者フェルディナント・ポルシェ氏は、そのスタッフの協力のもとに、あらんかぎりの英知を結集した結果、ドイツ国民車を着々と現実化させている。諸君の国民車は、この夏までに間違いなく最初のテストを完了することになろう。国民車の大量生産は、まことに今日の国情に合致している。しかも、このクルマの価格は安く、ガソリンの消費率も低い。メンテナンスは誠に簡単で経済的なのである。驚くべきことはオートバイ程度の値段で、このクルマが諸君の手に入ることだ」

しかし、〈VW3シリーズ〉(数字の3は生産台数を示す)は「この夏(1935年夏)」までには完成しなかった。〈VW3シリーズ〉の原型であるNSU(エン・エス・ウー)の〈ポルシェ32型〉の改良に技術的な困難が続出したからである。

たとえば、難題だったのは、エンジンの加工精度の問題だった。自伝によれば、〈VW〉はOHC(オーバーヘッド・カムシャフト)エンジンの採用も試みたために、両サイドにあるカムシャフトのノーズ部分が均一でないために、バルブタイミングが一致しなくなった。カムシャフトのカムの精度を上げるために研磨しなければならないが、これには特殊な研磨専用機が必要となる。

したがって、この特殊な研磨専用機を自前でつくるという困難な作業が待っている。あらゆる努力を払って、ようやく研磨専用機が完成する。こうしてようやくカムを研磨し、バルブタイミングが一致し、エンジンの出力曲線が正常化する。

1935年6月、ダイムラー・ベンツ社は、自社の大衆車である〈メルセデス130型〉計画の挫折がほぼ明らかになって、〈VW〉のボディ作製への協力を決定した。そこで、ポルシェの〈VW〉計画を支援することになり、ポルシェの最初の設計図にしたがって〈VW〉試作車のボディ作製に入っていた。このときのダイムラー・ベンツ社の社長には、かつてポルシェとともに小型車開発を支持したキッセルが就任している。

ダイムラー・ベンツ社の政策転換による援助に助けられて「1935年末」には最初の〈VW〉の3台がポルシェ家のガレージで完成する。

これが〈VW3シリーズ〉と呼ばれる3台のプロトタイプ(オープンカー+セダン+サンルーフ)の誕生である。そして1936年1月の早々、ポルシェはヤーコプ・ヴェルリーンの仲介によって、この「未完成の試作車」の2台を、シュトゥットガルトからミュンヘンまで、200km以上を走破してヒトラーの観覧に供したのである。

ところが、これが「ポルシェの契約違反事件」といわれるものになった。

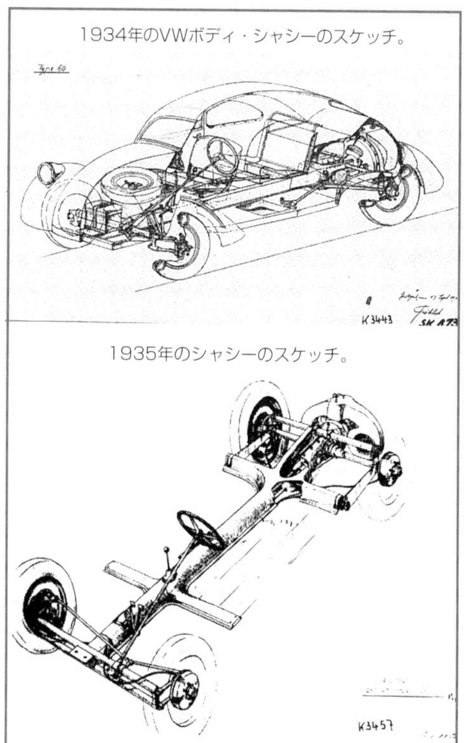

1934年のVWボディ・シャシーのスケッチ。

1935年のシャシーのスケッチ。

1935年VWプロトタイプV2（ポルシェでの呼称）。カブリオレタイプ、ハンドルを握るのがフェリー・ポルシェでとなりに妻、後に友人を乗せている。

同じく1935年のプロトタイプVW3シリーズといわれる3台のうちの1台。セダン型。

すなわち、ドイツ自動車工業連盟（RDA）との契約では、RDAが試作車をポルシェ社から受け取り、その後、政府を通じてヒトラー総統に見せるという条件であった。ポルシェは、RDAの頭越しにヒトラーに直接に観覧させたことで、RDAの面子を潰してしまい、RDAとポルシェ設計事務所との関係は悪化する。

1936年2月4日、RDAの議長ロベルト・アルマースは、ポルシェをベルリンに呼びつけ、厳しくその違反行為を指摘し、かつ「莫大な時間と資金の損失」を招いているとポルシェを非難した。さらにアルマース議長は、自動車ショーの直前の1936年2月9日、総理府官房長官H・H・ランメルスに宛てて、RDAの「極秘内部報告書」を送った。

その内容は、「ポルシェへの開発委託を解消すべきである」として、以下の理由を挙げていた。①設計自体まだ不充分、②高価にすぎる、③シャシーの量産の必要性、④材料価格の引き下げ、⑤耐久試験が行われず性能など確信できない、などである。たしかにRDAにしてみれば、1934年6月22日にポルシェ社と契約を結んで以来、1936年2月に至るまで、ポルシェは「莫大な時間(1年8か月)と資金の損失(60万ライヒスマルク)」にもかかわらず、まだ〈VW〉を完成していないと判断したのである。

なお、1935年の自動車ショーを挟んで、二つの注目すべき「事件」が起きている。

一つは自動車ショー前の1935年1月13日、ザール地方のドイツ復帰である。ヴェルサイユ条約によって15年間国際連盟管理下にあったザール地方は、国際連盟の監視下で人民投票が行われ、90%がドイツ復帰に賛成したのである。

もう一つは、自動車ショー後の1935年3月16日、ヒトラーは、ヴェルサイユ条約の軍備制限条項(陸軍は総兵力10万人以下、将校4,000人以下。海軍の船隻ごとの保有制限など)を破棄し、徴兵制による再軍備を宣言した。1935年6月の時点で、イギリス・フランス・イタリアはヒトラーの「ごり押し」に屈服して、これを承認する。

## ■1936年の自動車ショー

ヒトラーは自動車ショーの直前の1936年2月13日、ポルシェへの開発委託を解消すべきであるというドイツ自動車工業連盟(RDA)の「極秘内部報告書」を、官房長官ランメルスから手渡されて目を通した。

ヒトラーは、このポルシェに対する不信を訴えた報告書を快く思わなかったのはいうまでもない。2日後、2月15日の自動車ショー(参加人数のべ64万人)開会式におけるヒトラーの演説は、ドイツ自動車工業界への「お説教」に他ならなかった。開会式でのヒトラーの演説の大意は、モムゼンによれば、次のようなものである。

ヒトラーはまず、技術一般の、とりわけ自動車技術の進歩から説き起こし、ダイムラー・ベンツ社の輝かしい業績にもかかわらず、ドイツ自動車産業の絶望的凋落を語った後、彼(ヒトラー)の望んだ国民的モータリゼーションの前提としての国民車のコストダウンの必要性に触れ、「この任に当っている天才的自動車設計者」は、あらゆる自動車関係者のうちで国民経済に対して最も卓越した理解をもっており、一般大衆の収入に見合った〈フォルクス・ワーゲン(国民車)〉の製造と価格設定に成功するだろう。

最後にヒトラーは、ことのついでに、ドイツ自動車メーカーの経営者で、大量生産という現代化に敵意を持つ人々を攻撃しつつ、「総合的な・ベンツ流の・弾力ある生産」を予告した。つまり〈VW〉の準備作業段階を終えて、ダイムラー・ベンツ社の協力を得て、本格的な大量生産段階に入ると宣言したのである。

ヒトラーは、〈VW〉の値段を1,000ライヒスマルク以下に抑えるために、大量生産を

上は最初のVW3シリーズといわれるプロトタイプ。下は〈VW30シリーズ〉の1台のようだが詳細は不明。

可能にする大工場建設を考えていた。〈VW〉開発の技術的なことはポルシェに任せておけばよいが、〈VW〉の値段を抑えるにはフォード流の流れ作業による生産が導入されなければならないと確信していた。

ヒトラーのこの1936年自動車ショーにおける演説の中心論点は、大量生産方式に踏み切れないドイツ自動車工業界の不甲斐なさに腹を立てて「お説教」をしたのである。

ところで、ヒトラーに「お説教」されたRDAはどのような戦略で〈VW〉に取り組もうとしたのか。果たして、ヒトラーの真意（大量生産体制の樹立）を理解できたのであろうか。

ヒトラーの演説の9日後、1936年2月24日に、ドイツ自動車産業界の総会ともいえる「業界会議」がベルリンのダイムラー・ベンツ社で開催された。この日の会議にはポルシェの報告書も提出されており、1936年2月時点までの〈VW〉3台の開発状況が判明する。

このポルシェの報告書は、①エンジンは2気筒サイクルのエンジン（改良型）と、4サイクル水平対向4気筒エンジンとが完成、②シャシーは中央バックボーン式で完成した（価格は量産が前提）、③4輪独立懸架、中央バックボーン式で完成（量産が前提）、④変速装置、完全である、⑤ボディ、量産が前提。ポルシェは最後に、RDAに対して、なお技術的物質的援助を願っていると締めくくっている。

ポルシェのこの報告書は、技術は最高水準であること、コストダウンを考えるならフォード並の大量生産体制が必須であることを示唆している。

しかし、RDAの議論は、大量生産ではなく製造価格をいかに切り詰めるかに重点が置かれていた。ともあれ結論として、ダイムラー・ベンツ社の社長キッセルの意向を汲んで、〈VW〉プロジェクトは継続すること、シャシー・ボディを各社が分担して製造すること、(1936年)6月30日までにポルシェに(3台の)試作車を提出させてテスト走行に入ることなどを決定した。

自動車ショーの4日後の1936年3月7日、ヒトラーのかねてからの計画、ヴェルサイユ体制への挑戦の第1歩が踏み出された。ラインラントへの進駐である。ラインラントは、ヴェルサイユ条約の延長としての1925年10月16日の「ロカルノ条約」で、国境現状維持とラインラント非武装を確認していた。

ヒトラーはフランスの反発を恐れる軍部の反対を押し切って、わずかな兵力で「進駐」を強行する。フランス軍は動かず、ヒトラーの強気の賭けは思いもかけず成功する。ドイツ国民はこれをヒトラーの勝利と見た。たとえば、ケルンの街では、あちこちに群集ができ、音楽隊が演奏し、人々は陶酔し、まるでお祭り騒ぎであったという。

1936年ベルリン・オリンピック開催を1か月後にひかえた7月、〈VW〉計画は大きな転換を迎える。

1936年7月4日付、宣伝相ゲッベルス宛ての運輸相フライヘルン・フォン・エルツリューベナハ書簡(局長エルンスト・ブランデンブルクによる代理)には、〈VW3シリーズ〉に関する今後の作業計画の概略(自動車産業界から得た情報である)が述べられている。それによると、

①1936年7月中葉には「両国民車モデル(2台、ただし後3台)」は走行準備が完了する。
②1936年10月中葉までには、5万km以上の走行実験が実施される。「この予備試験で、有効寿命・走行特性・性能・燃料消費量などに関する諸要求の達成が確認されたとき、初めて30台というより大きな試作車シリーズの製作と試験に関する決定の見込み

1936年ベルリン・オリンピック開催で都心部に掲げられた聖火。アテネで採火された聖火というのもナチの巧妙な宣伝技術のひとつといわれる。

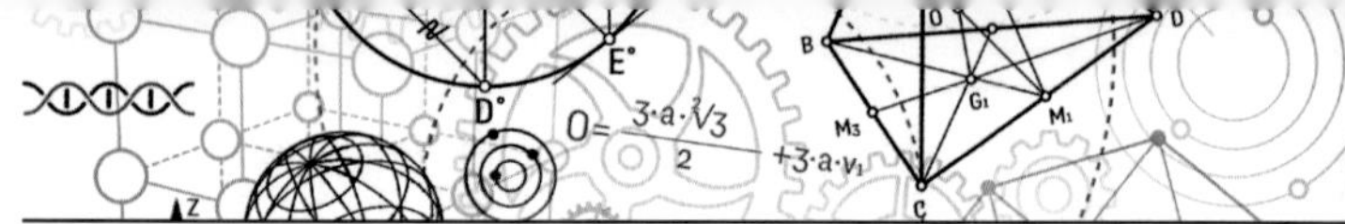

## エンジンチューニングを科学する

林　義正 著

数々の傑作エンジンの設計に携わった著者が、エンジン チューニングの例題103問に回答する形式でさまざまな 構成部品の役割、特性、扱い方などについて解説。新装版

A5判並製　本体2000円＋税

## 増補二訂版
## ディーゼルエンジンの徹底研究

鈴木孝幸 編

日野自動車の第一線エンジニアが分担執筆した、ディー ゼルエンジン解説書の決定版。基本構造からハイブリッド 化などの最新動向を詳細に盛り込んだ増補二訂版。

A5判並製　本体2800円＋税

## 基礎から学ぶ
## 高効率エンジンの理論と実際

飯島晃良 著

エンジンの燃焼研究をする現役大学教員が、エンジン開 発に必要な技術を得るための基本原理を詳しく伝授。巻 末には、本書内容の理解に役立つ重要用語解説を収録。

A5判並製　本体2000円＋税

## 乗用車用ガソリンエンジン入門

林　義正 著

日産で排出ガス規制クリアのZ型エンジンを開発し、「ル・ マン24時間レース」への挑戦などでも知られる著者が ガソリンエンジンについて理解しやすく説く技術解説書

A5判並製　本体2800円＋税

## ロータリーエンジンの20年
開発初期の経緯とその技術的成果

大関　博 監修

1982年刊行の同書の新装版。マツダの技術者たちが 6PIまでのロータリーエンジンについて自ら綴る。マツダ 「四十七士」の一人達富康夫氏の巻頭言も新たに収録。

A5判並製　本体2400円＋税

## エンジン用材料の科学と技術

山縣　裕 著

エンジンのメカニズムと素材（材料）との関係について 解説し、材料技術や生産技術の開発ポイントを基礎から 伝授。大学での教科書や副読本としても最適の書。

A5判並製　本体2800円＋税

## 自動車用ガソリンエンジンの設計

石川義和 著

メーカーのエンジン設計者として多数のエンジンを開発 した著者が、ガソリンエンジンの基本設計に的を絞り、実 践的思考手法を解説。学生や若手エンジニア待望の書。

A5判並製　本体4000円＋税

## 名作・迷作エンジン図鑑
その誕生と発展をたどる

鈴木　孝 著

自動車を始め、船舶、航空など各ジャンルから、「名作」エ ンジンや「迷作」とも呼べる個性的なものを選び、その誕 生と発展をイラストとともに語る。

A5判並製　本体2400円＋税

## ガソリンエンジンの高効率化
低燃費・クリーン技術の考察

飯塚昭三 著

ガソリンエンジンは「直噴」の普及と各種機構との協調に より急速に進化した。本書では、主要な機構について多 くの図版を収録し、わかりやすく解説。

A5判並製　本体1600円＋税

## バルブタイミング
エンジン性能の決め手

藤沢公男 著

バルブタイミングの基本から応用までを、チューニング のプロが丁寧に解説。初心者から上級者までモータース ポーツを楽しみたい人に絶好の書。

A5判並製　本体2000円＋税

## 日産V型6気筒エンジンの進化

瀬名智和 著

VG型エンジン登場以来進化を遂げつつ、R35型 NISSAN GT-R用VR38型エンジンまで、命脈を保つ V6エンジンの軌跡を詳細に辿る。

A5判並製　本体2000円＋税

## エンジン性能の未来的考察

ガソリンエンジンだけでなくディーゼルエンジン、最新の可変技術も含め、現状への鋭い考察の中からトータルな環境負荷軽減とクルマの方向を探る。

瀬名智和 著

A5判並製　本体2000円+税

# ◎クルマのメカニズム〈その他〉

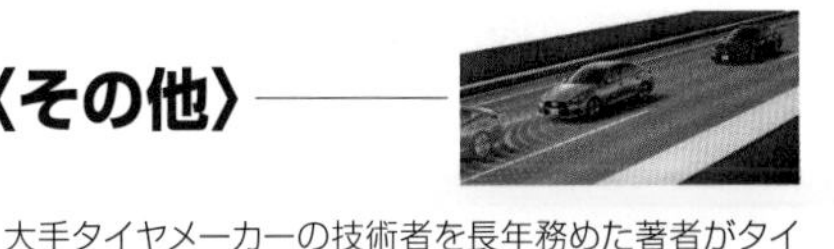

## 低燃費のための タイヤの基礎知識

大手タイヤメーカーの技術者を長年務めた著者がタイヤの構造、材料となるゴムの組成、タイヤの歴史的進化を解説。低燃費タイヤと転がり抵抗のメカニズムも詳説。

馬庭孝司 著

A5判並製　本体2800円+税

## 自動車の企画と開発
### 構想から完成までのプロセス

自動車メーカーのチーフエンジニアとして多くの車種の企画と開発に携わった著者が、どのように自動車が企画、開発され世の中に現れるかを具体的な事例をもとに平易に解説。

堀　重之 著

A5判並製　本体2000円+税

## ハイブリッド車の技術とその仕組み
### 多様化する新時代のシステム

各メーカーがしのぎを削っているハイブリッド車について、その最新動向と技術を、図版を多数用いてわかりやすく解説。2014年刊行の同書に大幅に加筆した増補二訂版。

飯塚昭三 著

A5判並製　本体2000円+税

## 無段変速機CVT入門

変速機開発者にとって夢の変速機と呼ばれたCVT。その高度な技術とメカニズム、機能・性能をわかりやすく解説した入門書。2004年刊行の同書の新訂版。

守本佳郎 著

A5判並製　本体2000円+税

## 復刻版 タイヤ工学
### 入門から応用まで

元エンジニアで大学教授もつとめた著者がタイヤの基本を説明し、その諸特性や発生している物理的現象を解説した決定版。再刊のご要望に応えて復刻版として刊行。

酒井秀男 著

A5判並製　本体6000円+税

## 増補二訂版 車両運動性能とシャシーメカニズム

大手自動車メーカーで、走行性能の技術向上に従事した著者が綴る、シャシーメカニズムの解説書。最新の技術・機構を加筆し、25年ぶりに全面大改訂した決定版。

宇野高明 著

A5判並製　本体3000円+税

## ロードスター メンテナンスブック
### 二訂版　1989〜1997

初心者から上級者まで、自分でできるメンテナンス入門書。2011年8月刊行の『ロードスター メンテナンスBOOK』(三樹書房)に、内容の更新、再確認を実施した二訂版。

リブビット・クリエイティブ 編

A5判並製　本体2000円+税

## 自動車工学の基礎理論
### エンジン・シャシー・走行性能

日産で数々のエンジン設計を手掛け、その後ルマンに挑んだ著者による、自動車工学の入門書。400点にも及ぶ著者手描きの図版で、難しい理論が視覚的に理解できる。

林　義正 著

A5判並製　本体2400円+税

## 自動運転の技術開発
### その歴史と実用化への方向性

自動車メーカーで自動運転の研究開発責任者だった著者が、開発の歴史をたどりつつ、自動化の実現の影響や開発の方向性を技術的観点から提言。2019年刊行同書の新装版。

古川　修 著

A5判並製　本体2000円+税

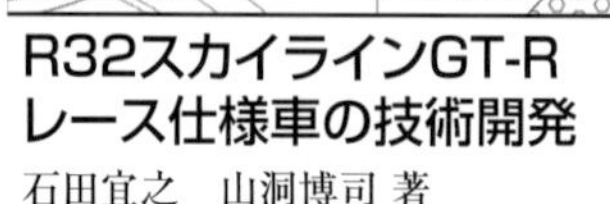

## R32スカイラインGT-R レース仕様車の技術開発

石田宜之　山洞博司 著

1989年に発売されたスカイラインGT-R。そのレー仕様車の開発に携わった当事者が、エンジンや車体、ャシー関係などについて、多くの図版とともに解説する

A5判並製　本体2000円＋

## 入門講座 4WD車の研究

庄野欣司 著

ジープに代表される4WD車の基本的なメカニズムや行特性などについて、システムの種類別に、多くの図版を駆使して、実務経験者がわかりやすく解説する。

A5判並製　本体1800円＋

## 自動車用材料の歴史と技術

井沢省吾 著

燃費などの性能に大きく関わる自動車用材料。金属、ラスチックなどの部品材料や溶接・塗装などの基本知識を自動車部品メーカーの技術者がわかりやすく解説。

A5判並製　本体2000円＋

## 走りの追求 R32スカイライン GT-Rの開発

伊藤修令 著

多くのファンをもつR32の開発経緯とGT-R誕生までのドキュメントを開発主幹を務めた著者が綴る。著者による「スカイラインにかける想い」等を収録した増補二訂版

A5判並製　本体2000円＋

## 増補二訂 自動車用語辞典

飯塚昭三+GP企画センター編

発売から24年のロングセラー『自動車用語辞典』に、ハイブリッド、電気自動車などの最先端技術に関わる新用語を増補し大改訂。理解を深める図版も多数掲載。

四六判並製　本体2000円＋

## 自動車の走行性能と構造
### 開発者が語るチューニングの基礎

堀　重之 著

優れた走行性能を獲得するにはどのような設計や補強を実施すれば良いか。元トヨタの車両開発担当者が詳細に解説。2016年刊行の同書を改題し、増補した増補二訂版。

A5判並製　本体2000円＋

## 軽自動車における低燃費技術の開発
### スズキのモノづくり哲学と技術創造

笠井公人 監修／御堀直嗣 著

軽自動車において、価格の上昇を抑えながらもユニークな低燃費技術を開発したスズキ。「エネチャージ」や「エコクール」などの独自技術についてスズキの技術陣監修のもと、わかりやすく解く

A5判並製　本体1600円＋

## 自動車のサスペンション
### 構造・理論・評価

KYB株式会社編

国内シェアの多くを占めるメーカーの現役技術者たちが、サスペンションの技術について構造から理論、その評価までを体系的に図版とともに解説する。

A5判並製　本体2400円＋

## ATの変速機構及び制御入門

守本佳郎 著

変速機の主流となっているAT(オートマチック・トランスミッション)。本書は、性能面で重要なATについて構造や機能、変速制御を含めて多角的に解説した新装版。

A5判並製　本体2000円＋

## 水平対向エンジン車の系譜

武田　隆 著

パイオニア時代の水平対向エンジン車を始め、スバルポルシェなど世界の水平対向エンジン車の進化と歴史を追い、技術的な変遷とモデルを詳細に解説。

A5判並製　本体2400円＋

## 自動車の製造と材料の話

広田民郎 著

クルマはどのような工作過程を経て作られるのかを、クルマの製造方法を始め、使用する機械、素材など、工程ごとに、図版とともに詳細に解説する。

A5判並製　本体2000円＋

ｸﾙﾏのメカ&
仕組み図鑑
細川武志 著

クルマのメカニズムと作動原理・作動行程をエンジンからシャシー・サスペンションまで、1000点以上の図版で徹底的にわかりやすく解説した、仕組み図鑑。

A5判並製　本体1800円＋税

## ●クルマの歴史

### コロナとブルーバードの時代
T40型と510型の隆盛までを中心として
佳木洋二 著

「BC戦争」と称され鎬を削った両車。それぞれの開発プロセスを辿ることで、日本のメーカーが飛躍的に向上していく過程を解説。資料等を充実した新訂版。

A5判並製　本体2000円＋税

### テールフィン時代のアメリカ車
GP企画センター編

世界の自動車メーカーに影響を与えたテールフィン。その流行を生んだ1950年代のアメリカ車の変遷を詳しく紹介する。32頁のカラー口絵を追加収録した増補二訂版。

A5判並製（カラー16頁）　本体2400円＋税

### プリンス自動車の光芒
1945-1969
佳木洋二 著

独自の技術力を生かして先駆的な新型車を開発したプリンス自動車の誕生から終焉までの足跡を関係者の取材を通じて詳説。2003年刊行の同書の内容を充実させた増補二訂版。

A5判並製　本体2400円＋税

### 伝記 ポール・フレール 偉大なるレーシングドライバー&ジャーナリストの生涯
セルジュ・デュボワ 著　宮野　滋 訳

レーサーから自動車ジャーナリストに転身、世界の自動車業界に様々な影響を与えたポール・フレール氏。多数の図版や関係者の証言から、その生涯に迫る特別愛蔵版。

A4判上製横綴（オールカラー）　本体9000円＋税

### ダットサン車の開発史
日産自動車のエンジニアが語る 1939-1969
原　禎一 著

ダットサン・ブルーバードやフェアレディZなど名車たちの誕生の経緯を、ダットサン車開発に邁進した著者がつぶさに綴る。担当エンジニアが描いた真実の開発史。

A5判並製　本体1800円＋税

### 国産ジープタイプの誕生
三菱・トヨタ・日産の四輪駆動車を中心として
GP企画センター編

戦後の復興期を支え大活躍した三菱ジープと、同時期の他社モデルにも焦点をあて、四輪駆動車の元祖ともいえるジープタイプ車たちの誕生と活躍、進化を辿る。

A5判並製　本体1800円＋税

### マツダ・ロータリーエンジンの歴史
GP企画センター編

1960年代から2003年のRENESISまで、マツダのロータリーエンジン（RE）のメカニズムとエンジン開発の歴史を紹介。歴代RE搭載車やレース活動も掲載する。

A5判並製　本体2000円＋税

### 初代クラウン開発物語
トヨタのクルマ作りの原点を探る
佳木洋二 著

競合他社が海外メーカーとの技術提携で乗用車開発を進めるなか、トヨタはあえて純国産の自動車を開発するという苦難に挑んだ。新たに発掘された資料を収録した増補新訂版。

A5判並製　本体1800円＋税

### スバル360開発物語
てんとう虫が走った日
佳木洋二 著

革新的な軽自動車、家族4人が乗れるクルマ「スバル360」の誕生を、当時の開発者に徹底取材したドキュメント。新資料を収録した増補改題版。

A5判並製　本体1600円＋税

### シトロエンの一世紀
革新性の追求

武田　隆 著

2CVを始め、シトロエンの独創的なクルマづくりの背景として「現代文明発祥の都」パリに誕生したことに注目。貴重な図版を多数収録し、シトロエンの足跡を辿る。

A5判並製　本体2600円+税

### フォルクスワーゲン ゴルフ
そのルーツと変遷

武田　隆 著

日本で輸入車トップクラスの販売台数を誇るドイツ車ゴルフ。その歴史を「ドイツ・モダニズム」に探り、歴代ゴルフを貴重な図版とともに詳細に辿る。

A5判並製　本体2000円+税

## ◎モータースポーツ

### 三菱モータースポーツ史
ダカールラリーを中心として

廣本　泉 著

三菱のダカールラリーにおける足跡を中心に、WRCや黎明期、近年のモータースポーツ活動について、当事者への綿密な取材と史料をもとに、詳細に解説する。

A5判並製（カラー16頁）　本体2800円+税

### サーキット走行入門
三訂版

飯塚昭三 著

サーキット走行の準備からマナーや慣習、ドライビングテクニックの基本、応用を写真や図版も含め、ていねいに解説。全国の主要サーキット場一覧を更新した三訂版。

A5判並製　本体1800円+税

### ダットサン510と240Z
ブルーバードとフェアレディZの開発と海外ラリー挑戦の軌跡

桂木洋二 著

「ニッサン」「ダットサン」の名を世界に轟かせ、数々の成果を挙げたサファリラリーなどの海外ラリー活動。当時から綿密な取材を続けた著者がその詳細を綴る新装版。

A5判並製　本体2000円+税

### 日産大森ワークスの時代
いちメカニックが見た20年

藤澤公男 著

高度成長期の日産のレース活動は、追浜と大森の活躍でファンを熱狂させた。大森ワークスのメカニックを務めた著者が多数の貴重な写真とともに当時の活動を語る。

A5判並製　本体2400円+税

### ジムカーナ入門

飯塚昭三 著

ジムカーナへの参加方法や競技の解説、車両のチューンアップ、運転テクニックをモータースポーツ誌の元編集長がわかりやすく伝授。主要なコースガイドを収録した新訂版。

A5判並製　本体1600円+税

### 初代スカイラインGTR
戦闘力向上の軌跡

青地康雄 著

初代スカイラインGTRについて、いかに車両を開発し強靭なチームへと導いていったのかを、当時の監督が解説した「唯一の書」。巻末に初代の戦績も収録した増補版。

A5判並製　本体2000円+税

## ◎トラック・バス

### 日本のオート三輪車史

GP企画センター編

変遷が顕著であった1904年～1969年までの小型・軽トラックの開発について、豊富な写真と共に解説。『懐旧のオート三輪車』に資料を追加し改題した増補改訂版。

A5判並製　本体1800円+税

## 小型・軽トラック年代記
三輪自動車の隆盛と四輪車の台頭 1904-1969
佳木洋二 著

オート三輪、軽三輪、小型・軽トラックを豊富な写真とともに解説。2006年刊行の同書から1904～1969年の内容を抜粋、主要各社の沿革一覧を収録した改訂版。

A5判並製　本体1800円＋税

## 特装車とトラック架装
GP企画センター編

特殊な建設資材運搬車やミキサー車などの特装車に加え、トラックボディをベースに架装したウイングボディ車など架装車の構造を多数の図版で解説。新装版。

A5判並製　本体2000円＋税

## トラクター&トレーラーの構造
GP企画センター編

トラクターが牽引する脱着可能なトレーラーは、大量輸送に適した効率的な輸送手段である。様々なトラクターとトレーラーの構造を主要車種とともに紹介。新装版。

A5判並製　本体1800円＋税

## バスのすべて
クルマで人を運ぶ世界
広田民郎 著

社会的役割に対応して進化を遂げ、重要性が高まっているバスについて、綿密な取材をもとにバスの現状から企画、設計、生産、メカニズムなど多面的に解説。

A5判並製　本体2000円＋税

## 新版・日本のバス年代記
鈴木文彦 著

日本のバスの発祥から戦後復興期のボンネットバス、キャブオーバーバス、高度成長期を経て環境に配慮した新時代のバスまで、新旧のバスを一冊に集約。

A5判並製　本体2200円＋税

## 高速バス
堀内重人 著

全国主要都市を結び様々な運行を続ける高速バス。本書は高速バスの概要や沿革、主な高速バスの特徴と事例のほか、台湾の高速バス事情まで紹介。

A5判並製　本体1800円＋税

## トラックのすべて
GP企画センター編

大型ディーゼルエンジンの出力向上を始め、シャシーの構造、タイヤからその製造過程まで、近代のトラックのすべてを、多数の図版と写真でわかりやすく紹介。

A5判並製　本体2000円＋税

## 路線バスの現在・未来
鈴木文彦 著

昨今、路線バスは各地で路線のあり方・運行形態・ダイヤ・運賃等、活性化のための様々な模索が試行されている。その現状をバス車両を中心に詳細に探る。

A5判並製　本体2400円＋税

# ◎鉄道

## 蒸気機関車メカニズム図鑑
細川武志 著

水を蒸気に変えて全てのエネルギー源とし、その蒸気の循環によって様々なピストンを作動させるメカニズムの詳細を、精緻を尽くして描いた図鑑。1998年刊行の同書の新装版。

A5判並製　本体3000円＋税

## 日本の鉄道史セミナー
久保田博 著

鉄道開業当時の模索から昭和の国鉄時代、動力の近代化と新幹線開業、JRへの移行など主要な鉄道技術の変遷と発達を鉄道史のなかに位置付ける。

A5判並製　本体2300円＋税

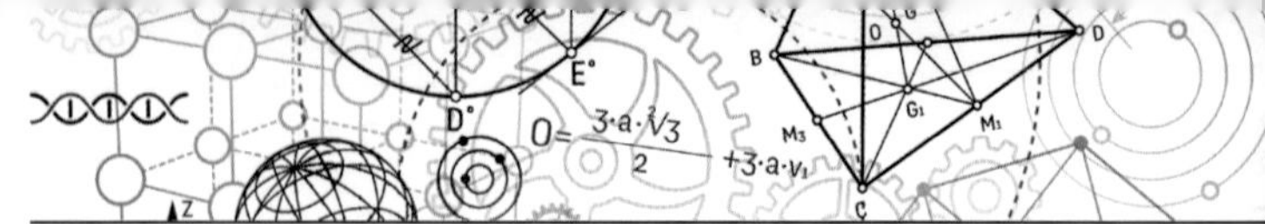

## 戦後日本の鉄道車両

新しい技術や設計思想を取り入れた戦後の鉄道車両の発達過程を代表的な系列にスポットを当てて紹介。機関車旅客車・貨車・事業用貨車など多くの写真で辿る変遷史

塚本雅啓 著

A5判並製　本体2000円+税

# ◎飛行機

## ジェットエンジン史の徹底研究
基本構造と技術変遷

国産ジェットエンジン開発の技術革新に挑んだ著者が、技術的進化の過程を、図版を駆使して解説。2013年刊行の同書の内容を再確認し、カバー装丁を一新した新装版。

石澤和彦 著

A5判並製　本体2800円+税

## 航空機を後世に遺す
歴史に刻まれた国産機を展示する博物館づくり

「岐阜かかみがはら航空宇宙博物館」の創設と歩み。国産機収集に奔走する著者の目を通し、歴史の証人である航空機を遺す意義を改めて考える。

横山晋太郎 著

A5判並製　本体2400円+税

## 三菱 航空エンジン史
大正六年から終戦まで

零戦や雷電など数々の名機を生んだ三菱の航空エンジン機体について語る。「三菱航空機略史」抜粋も掲載、資料性も高い。三菱による航空発動機研究開始100周年記念刊行。

松岡久光 著／中西正義 監修

A5判並製　本体2000円+税

## 歴史のなかの中島飛行機

「SUBARU」の前身、中島飛行機の創設者中島知久平の活動と会社発展の軌跡、また戦後自動車産業界に輩出された優れた技術者らについての経過を語る。

桂木洋二 著

A5判並製　本体1800円+税

## 古今東西エンジン図鑑
その生い立ち・背景・技術的考察

ロングセラー『名作・迷作エンジン図鑑』の第2弾。各分野から個性的なエンジンを発掘し、時代的背景や技術的問題を解説。今回は航空エンジンを多く取り上げる。

鈴木　孝 著

A5判並製　本体2400円+税

# ◎オートバイ　◎実用

## バイク基本チューニング
自分で作業する愛車の調整・整備

愛用するバイクを一番良い状態に保つために必要な調整や整備について、一般のユーザーでも自分で作業できるメンテナンスについてイラストを含めて解説。新訂版。

佐々木和夫 著

A5判並製　本体1800円+税

## HRCのNXR開発奮戦記
ホンダ パリ・ダカールラリーの挑戦 1986-1989

1986年から1989年の活動終了までにパリダカ4連覇という偉業を達成した、HRCの活動をつぶさに取材してその詳細を語る。写真や戦績を追加した増補二訂版。

西巻　裕 著

A5判並製　本体2400円+税

## 図説 バイク工学入門

バイクを構成する重要部品、ライディングに不可欠なメカニズムについて、豊富な図版を駆使して解説する。上達を目指すための入門書。1994年12月刊行の同書の新装版。

和歌山利宏 著／イラスト：村井　真

A5判並製　本体2400円+税

## タイヤの科学とライディングの極意

ライダーが感じる転倒への不安は、タイヤのグリップの問題にたどり着く。本書ではライディングを科学的にとらえ、その疑問を解消してゆくことを目指す。新装版。

和歌山利宏 著　A5判並製　本体2000円+税

## ロードバイクの素材と構造の進化

ロードバイクの走りや乗り心地には、フレームが大きく影響する。「カーボンファイバー」「アルミニウム」「チタン」などの素材や構造の進化を図版とともに詳細に解説。

高根英幸 著　A5判並製　本体2000円+税

## 交通事故・実態と悔恨
交通事故はこうして起きる

高齢者の運転や酒気帯び運転などが問題視される昨今、運転者が心掛けるべきことを交通事故のドキュメントとともに説く。交通法規に関する資料も掲載。

福田和夫 著　A5判並製　本体1600円+税

## クラシックカー再生の愉しみ
FRPによるボディ作りとレストアのすべて

FRP成形の第一人者の著者が1933年のロールスロイスをレストアした実体験をもとに、そのノウハウを解説。憧れの車を自ら復元し走らせたいと願う人の夢の参考書。

濱　素紀 著　A5判並製　本体2400円+税

## 戦後モータージャーナル変遷史
自動車雑誌編集長が選ぶ忘れられない日本のクルマ

自動車雑誌の編集長として活躍してきた著者が、各時代に登場し、社会現象にまでなった日本の名車について、その時代背景もふまえて、多くの図版とともに解説。

小田部家正 著　A5判並製　本体1800円+税

## モータリゼーションと自動車雑誌の研究

大正から現在までの日本のモータリゼーションと自動車雑誌の変遷を追いながら、関係者の証言と図版でその興隆を振り返る。創刊号の表紙、当時のなつかしい記事も紹介。

飯嶋洋治 著　A5判並製　本体2000円+税

## クルマ&バイクの塗装術

塗装のプロを目指す方やクルマやオートバイを初めて自分で塗ってみようという方のために、日本一とも言われたその"ワザ"を図版と共に基礎から解説。新装版。

中沖　満 著　A5判並製　本体2000円+税

## ベストライディングの探求

ムダな操作をしない為の知識、ライディングフォームやブレーキング、加速や倒し込み、ライン取りまで、自分にとってより良い走り方をイラストと共に解説した。新装版。

つじ·つかさ 著／イラスト：村井　真　A5判並製　本体1400円+税

## 自転車競技入門

乗ることもメカをいじることも楽しい自転車競技について、各種競技への参加、自転車の選び方やメンテナンス、装備、ライディングテクニックをわかりやすく紹介する。

飯嶋洋治 著　A5判並製　本体1600円+税

## FRPボディとその成形法

バイクのカウルからクルマのボディまで、名車のレストアやエアロパーツの製作に必須のFRPによる原型→雌型→製品の成形を実際の工作過程に即して平易に解説する。

濱　素紀 著　A5判並製　本体2000円+税

## ライディング事始め

オールイラストで語り尽くすバイクの楽しみ方。ライディングのノウハウと様々な役立つアドバイス、メカの基礎知識等、わかりやすいイラストと解説。格好の入門書。

つじ·つかさ 著／村井　真（絵）　A5判並製　本体1000円+税

# ●グランプリ出版刊行書販売協力店●

グランプリ出版の書籍は、全国の書店でお求めになれます。
本目録掲載の販売協力店は、小社書籍が比較的入手しやすい書店です。

## 北海道

| | | |
|---|---|---|
| 札幌市 | MARUZEN&ジュンク堂書店札幌店 | 011-223-1911 |
| 札幌市 | 三省堂書店札幌店 | 011-209-5600 |
| 札幌市 | コーチャンフォー新川通り店 | 011-769-4000 |
| 札幌市 | コーチャンフォーミュンヘン大橋店 | 011-817-4000 |
| 札幌市 | コーチャンフォー美しが丘店 | 011-889-2000 |
| 札幌市 | 紀伊國屋書店札幌本店 | 011-231-2131 |
| 旭川市 | コーチャンフォー旭川店 | 0166-76-4000 |
| 旭川市 | ジュンク堂書店旭川店 | 0166-26-1120 |
| 北見市 | コーチャンフォー北見店 | 0157-26-1122 |
| 釧路市 | コーチャンフォー釧路店 | 0154-46-7777 |
| 函館市 | 函館蔦屋書店 | 0138-47-2600 |

## 青　森

| | | |
|---|---|---|
| 弘前市 | ジュンク堂書店弘前中三店 | 0172-34-3131 |

## 岩　手

| | | |
|---|---|---|
| 盛岡市 | ジュンク堂書店盛岡店 | 019-601-6161 |
| 盛岡市 | エムズエクスポ盛岡店 | 019-648-7100 |
| 盛岡市 | 盛岡蔦屋書店 | 019-613-2588 |
| 北上市 | ブックスアメリカン北上店 | 0197-63-7600 |

## 宮　城

| | | |
|---|---|---|
| 仙台市 | 丸善仙台アエル店 | 022-264-0151 |
| 仙台市 | TSUTAYAヤマト屋書店東仙台店 | 022-297-1291 |

## 秋　田

| | | |
|---|---|---|
| 秋田市 | ジュンク堂書店秋田店 | 018-884-1370 |
| 秋田市 | スーパーブックス八橋店 | 018-883-5095 |
| 潟上市 | ブックスモア潟上店 | 018-854-8877 |

## 山　形

| | | |
|---|---|---|
| 山形市 | こまつ書店寿町本店 | 023-641-0641 |
| 米沢市 | こまつ書店堀川町店 | 0238-26-1077 |
| 東根市 | こまつ書店東根店 | 0237-49-2077 |

## 福　島

| | | |
|---|---|---|
| 郡山市 | ジュンク堂書店郡山店 | 024-927-0440 |
| 郡山市 | 岩瀬書店富久山店 | 024-936-2220 |

## 茨　城

| | | |
|---|---|---|
| ひたちなか市 | 蔦屋書店ひたちなか店 | 029-265-2300 |

## 栃　木

| | | |
|---|---|---|
| 宇都宮市 | 喜久屋書店宇都宮店 | 028-614-5222 |
| 宇都宮市 | 落合書店イトーヨーカドー店 | 028-613-1313 |
| 宇都宮市 | 落合書店宝木店 | 028-650-2211 |
| 宇都宮市 | TSUTAYA宇都宮店 | 028-651-3500 |
| 宇都宮市 | 八重洲BC宇都宮パセオ店 | 028-627-8588 |
| さくら市 | ビッグワンTSUTAYAさくら店 | 028-682-7001 |
| 高根沢町 | サンライズ高根沢店 | 028-675-4795 |

## 群　馬

| | | |
|---|---|---|
| 前橋市 | 紀伊國屋書店前橋店 | 027-220-1830 |
| 前橋市 | ブックマンズアカデミー前橋店 | 027-280-3322 |
| 太田市 | 喜久屋書店太田店 | 0276-47-8723 |
| 太田市 | 蔦屋書店太田店 | 0276-60-2800 |
| 太田市 | ブックマンズアカデミー太田店 | 0276-40-1900 |
| 太田市 | ナカムラヤ新田ニコモール店 | 0276-20-9325 |
| 高崎市 | ブックマンズアカデミー高崎店 | 027-370-6166 |

## 埼　玉

| | | |
|---|---|---|
| さいたま市 | ジュンク堂書店大宮高島屋店 | 048-640-3111 |
| さいたま市 | 紀伊國屋書店さいたま新都心店 | 048-600-0830 |
| 桶川市 | 丸善桶川店 | 048-789-0011 |
| 川越市 | ブックファーストルミネ川越店 | 049-240-6212 |
| 久喜市 | 蔦屋書店フォレオ菖蒲店 | 0480-87-0800 |
| 越谷市 | TSUTAYAレイクタウン | 048-990-3380 |
| 所沢市 | ブックスタマ所沢店 | 042-998-5830 |

## 千　葉

| | | |
|---|---|---|
| 千葉市 | 幕張蔦屋書店 | 043-306-7361 |
| 千葉市 | 三省堂書店CS千葉店 | 043-224-1881 |
| 千葉市 | 文教堂小倉台店 | 043-232-7330 |
| 印西市 | 喜久屋書店千葉ニュータウン店 | 0476-40-7732 |
| 柏市 | ジュンク堂書店柏モディ店 | 04-7168-0215 |
| 柏市 | VVスーパーオートバックスかしわ沼南 | 04-7190-3171 |
| 流山市 | 紀伊國屋書店流山おおたかの森店 | 04-7156-6111 |
| 習志野市 | 丸善津田沼店 | 047-470-8311 |
| 船橋市 | ジュンク堂書店南船橋店 | 047-401-0330 |

## 東　京

| | | |
|---|---|---|
| 新宿区 | 紀伊國屋書店新宿本店 | 03-3354-0131 |
| 新宿区 | ブックファースト新宿店 | 03-5339-7611 |
| 江東区 | TSUTAYA BOOKSTORE A PIT東雲店 | 03-3528-0357 |
| 大田区 | ブックファーストアトレ大森店 | 03-5767-6831 |
| 渋谷区 | MARUZEN&ジュンク堂書店渋谷店 | 03-5456-2111 |
| 渋谷区 | 代官山蔦屋書店 | 03-3770-2525 |
| 世田谷区 | 二子玉川蔦屋家電 | 03-5491-8550 |
| 中央区 | 八重洲ブックセンター | 03-3281-3606 |
| 中央区 | 丸善日本橋店 | 03-6214-2001 |
| 千代田区 | 書泉ブックタワー | 03-5296-0051 |
| 千代田区 | 丸善お茶の水店 | 03-3295-5581 |
| 千代田区 | 有隣堂ヨドバシAKIBA店 | 03-5298-7474 |
| 千代田区 | 書泉グランデ | 03-3295-0011 |
| 千代田区 | 丸善丸の内本店 | 03-5288-8881 |
| 千代田区 | 三省堂書店神保町本店 | 03-3233-3312 |
| 千代田区 | 三省堂書店有楽町店 | 03-5222-1200 |
| 豊島区 | 三省堂書店池袋本店 | 03-6864-8900 |
| 豊島区 | 旭屋書店池袋店 | 03-3986-0311 |
| 豊島区 | ジュンク堂書店池袋本店 | 03-5956-6111 |
| 中野区 | ブックファースト中野店 | 03-3319-5161 |
| 稲城市 | コーチャンフォー若葉台店 | 042-350-2800 |
| 国立市 | 増田書店 | 042-572-0262 |
| 国分寺市 | 紀伊國屋書店国分寺店 | 042-325-3991 |
| 立川市 | ジュンク堂書店立川高島屋店 | 042-512-9910 |
| 立川市 | オリオン書房ノルテ店 | 042-522-1231 |
| 多摩市 | 丸善多摩センター店 | 042-355-3220 |
| 調布市 | 書原つつじヶ丘店 | 042-481-6421 |
| 八王子市 | くまざわ書店八王子南口店 | 042-655-7560 |
| 羽村市 | ブックスタマ小作店 | 042-555-3904 |
| 武蔵野市 | ジュンク堂書店吉祥寺店 | 0422-28-5333 |

| 武蔵野市 | BOOKSルーエ | 0422-22-5677 |
|---|---|---|

## 神奈川

| 横浜市 | 三省堂書店新横浜店 | 045-478-5520 |
|---|---|---|
| 横浜市 | 八重洲BC京急百貨店上大岡店 | 045-848-7383 |
| 横浜市 | 有隣堂伊勢佐木町本店 | 045-261-1231 |
| 横浜市 | 有隣堂西口ジョイナス店 | 045-311-6265 |
| 横浜市 | 紀伊國屋書店横浜店 | 045-450-5901 |
| 横浜市 | ブックファースト青葉台店 | 045-989-1781 |
| 横浜市 | 紀伊國屋書店ららぽーと横浜店 | 045-938-4481 |
| 厚木市 | 有隣堂厚木店 | 046-223-4111 |
| 海老名市 | 有隣堂ららぽーと海老名店 | 046-206-6651 |
| 川崎市 | 丸善ラゾーナ川崎店 | 044-520-1869 |
| 藤沢市 | ジュンク堂書店藤沢店 | 0466-52-1211 |

## 新　潟

| 新潟市 | ジュンク堂書店新潟店 | 025-374-4411 |
|---|---|---|
| 三条市 | 知遊堂三条店 | 0256-36-7171 |
| 上越市 | 知遊堂上越国府店 | 025-545-5668 |
| 長岡市 | 宮脇書店長岡店 | 0258-31-3700 |

## 富　山

| 富山市 | ブックスなかだ掛尾本店 | 076-492-1192 |
|---|---|---|
| 富山市 | 紀伊國屋書店富山店 | 076-491-7031 |
| 富山市 | 文苑堂書店藤の木店 | 076-422-0155 |
| 富山市 | 文苑堂書店富山豊田店 | 076-433-8150 |
| 魚津市 | ブックスなかだ魚津店 | 0765-24-9905 |
| 高岡市 | 喜久屋書店高岡店 | 0766-27-2455 |
| 高岡市 | 文苑堂書店福田本店 | 0766-27-7800 |

## 石　川

| 金沢市 | 金沢ビーンズ | 076-239-4400 |
|---|---|---|
| 野々市市 | 明文堂書店金沢野々市店 | 076-294-0930 |
| かほく市 | ブックスなかだかほく店 | 076-289-0671 |

## 福　井

| 福井市 | Super KaBoS新二の宮店 | 0776-27-4678 |
|---|---|---|

## 山　梨

| 甲府市 | ジュンク堂書店岡島甲府店 | 055-231-0606 |
|---|---|---|

## 長　野

| 長野市 | 北長野書店 | 026-241-6401 |
|---|---|---|
| 長野市 | 平安堂長野店 | 026-224-4545 |
| 飯田市 | 平安堂飯田店 | 0265-24-4545 |
| 伊那市 | 平安堂伊那店 | 0265-96-7755 |
| 上田市 | 平安堂上田しおだ野店 | 0268-29-5254 |
| 諏訪市 | せいりん堂 | 0266-52-6026 |
| 松本市 | 丸善松本店 | 0263-31-8171 |

## 岐　阜

| 岐阜市 | カルコス本店 | 058-294-7500 |
|---|---|---|
| 岐阜市 | 丸善岐阜店 | 058-297-7008 |
| 各務原市 | カルコス各務原店 | 058-389-7500 |
| 瑞穂市 | カルコス穂積店 | 058-329-2336 |

## 静　岡

| 静岡市 | MARUZEN&ジュンク堂新静岡店 | 054-275-2777 |
|---|---|---|
| 焼津市 | 焼津谷島屋登呂田店 | 054-629-4848 |
| 磐田市 | 谷島屋磐田店 | 0538-35-5778 |
| 磐田市 | 明屋書店イケヤ磐田東店 | 0538-33-7600 |
| 湖西市 | 明屋書店イケヤ湖西店 | 053-594-4675 |
| 浜松市 | 谷島屋浜松本店 | 053-457-4165 |
| 浜松市 | BOOKアマノ布橋店 | 053-489-3800 |
| 浜松市 | 明屋書店イケヤ高丘店 | 053-438-1910 |
| 浜松市 | BOOKアマノ入野店 | 053-445-2323 |
| 浜松市 | BOOKアマノ有玉店 | 053-434-9373 |
| 富士市 | あおい書店富士店 | 0545-60-3260 |

## 愛　知

| 名古屋市 | 三省堂書店名古屋本店 | 052-566-6801 |
|---|---|---|
| 名古屋市 | 丸善名古屋本店 | 052-238-0320 |
| 名古屋市 | ジュンク堂書店名古屋店 | 052-589-6321 |
| 名古屋市 | VV本店 | 052-805-2535 |
| 名古屋市 | らくだ書店本店 | 052-731-7161 |
| 名古屋市 | 名古屋みなと蔦屋書店 | 052-387-6800 |
| 岡崎市 | TSUTAYAウイングタウン岡崎店 | 0564-72-5080 |
| 春日井市 | TSUTAYA春日井店 | 0568-35-5900 |
| 刈谷市 | ブックセンター名豊刈谷店 | 0566-21-7121 |
| 刈谷市 | 本の王国刈谷店 | 0566-28-0833 |
| 小牧市 | カルコス小牧店 | 0568-77-7511 |
| 豊田市 | メグリア本店 | 0565-28-4811 |
| 豊田市 | 精文館書店新豊田店 | 0565-33-3322 |
| 豊橋市 | 精文館書店三ノ輪店 | 0532-66-2447 |
| 豊橋市 | 精文館書店豊橋本店 | 0532-54-2345 |
| 豊明市 | 精文館書店豊明店 | 0562-91-3787 |
| 豊山町 | 紀伊國屋書店名古屋空港店 | 0568-39-3851 |
| 扶桑町 | カルコス扶桑店 | 0587-92-1991 |

## 三　重

| 伊賀市 | コメリ書房上野店 | 0595-26-5988 |
|---|---|---|
| 鈴鹿市 | コメリ書房鈴鹿店 | 059-384-3737 |
| 松阪市 | コメリ書房松阪店 | 0598-25-2533 |
| 四日市市 | 丸善四日市店 | 059-359-2340 |

## 滋　賀

| 草津市 | HYPERBOOKSかがやき通り店 | 077-566-0077 |
|---|---|---|
| 草津市 | 喜久屋書店草津店 | 077-516-1118 |
| 彦根市 | HYPERBOOKS彦根店 | 0749-30-5151 |
| 大津市 | 大垣書店フォレオ大津一里山店 | 077-547-1020 |

## 京　都

| 京都市 | 大垣書店イオンモール京都桂川店 | 075-925-1717 |
|---|---|---|
| 京都市 | 大垣書店イオンモールKYOTO店 | 075-692-3331 |
| 京都市 | 丸善京都本店 | 075-253-1599 |

## 大　阪

| 大阪市 | 旭屋書店なんばCITY店 | 06-6644-2551 |
|---|---|---|
| 大阪市 | ジュンク堂書店天満橋店 | 06-6920-3730 |
| 大阪市 | 紀伊國屋書店梅田本店 | 06-6372-5821 |
| 大阪市 | 梅田蔦屋書店 | 06-4799-1800 |
| 大阪市 | ジュンク堂書店大阪本店 | 06-4799-1090 |
| 大阪市 | ジュンク堂書店近鉄あべのハルカス店 | 06-6626-2151 |
| 大阪市 | MARUZEN&ジュンク堂梅田店 | 06-6292-7383 |
| 大阪市 | 紀伊國屋書店グランフロント大阪店 | 06-7730-8451 |
| 大阪市 | ジュンク堂書店難波店 | 06-4396-4771 |
| 大阪市 | 喜久屋書店阿倍野店 | 06-6634-8606 |
| 大阪狭山市 | Books＆Coffeeパルネット狭山店 | 072-365-5660 |
| 八尾市 | 丸善八尾アリオ店 | 072-990-0291 |

### 兵 庫

神戸市 ジュンク堂書店三宮駅前店 078-252-0777
神戸市 ジュンク堂書店三宮店 078-392-1001
神戸市 喜久屋書店北神戸店 078-983-3755
神戸市 喜久屋書店神戸南店 078-599-7345
神戸市 宮脇書店神戸北店 078-982-8112
神戸市 大垣書店神戸ハーバーランドumie店 078-382-7112
神戸市 喜久屋書店西神中央店 078-992-0020
明石市 ジュンク堂書店明石店 078-918-6670
芦屋市 ジュンク堂書店芦屋店 0797-31-7440
西宮市 ジュンク堂書店西宮店 0798-68-6300
西宮市 ブックファースト阪急西宮ガーデンズ店 0798-62-6103
姫路市 ジュンク堂書店姫路店 079-221-8280

### 奈 良

橿原市 喜久屋書店橿原店 0744-20-3151
大和郡山市 喜久屋書店大和郡山店 0743-55-2200

### 和歌山

和歌山市 TSUTAYA WAY GP和歌山店 073-480-5900

### 岡 山

岡山市 宮脇書店岡山本店 086-242-2188
岡山市 丸善岡山シンフォニービル店 086-233-4640
岡山市 啓文社岡山本店 086-805-1123
倉敷市 喜久屋書店倉敷店 086-430-5450
津山市 喜久屋書店津山店 0868-35-3700
総社市 宮脇書店総社店 0866-92-9229

### 広 島

広島市 丸善広島店 082-504-6210
広島市 紀伊國屋書店ゆめタウン広島店 082-250-6100
広島市 紀伊國屋書店広島店 082-225-3232
広島市 フタバ図書アルパーク北棟店 082-270-5730
広島市 フタバ図書MEGA中筋店 082-830-0601
広島市 ジュンク堂書店広島駅前店 082-568-3000
広島市 広島蔦屋書店 082-501-5111
福山市 啓文社ポートプラザ店 084-971-1211
廿日市市 紀伊國屋書店ゆめタウン廿日市店 0829-70-4966
府中町 フタバ図書TERA広島府中店 082-561-0770

### 山 口

周南市 宮脇書店徳山店 0834-39-2009

### 香 川

丸亀市 紀伊國屋書店丸亀店 0877-58-2511
高松市 宮脇書店本店 087-851-3733
高松市 ジュンク堂書店高松店 087-832-0170
高松市 宮脇書店総本店 087-823-3152

### 愛 媛

松山市 ジュンク堂書店松山三越店 089-915-0075

### 福 岡

福岡市 丸善博多店 092-413-5401
福岡市 紀伊國屋書店福岡本店 092-434-3100
福岡市 ジュンク堂書店福岡店 092-738-3322
北九州市 喜久屋書店小倉店 093-514-1400
久留米市 紀伊國屋書店久留米店 0942-45-7170
久留米市 BOOKSあんとく三潴店 0942-64-5656

### 長 崎

長崎市 紀伊國屋書店長崎店 095-811-4919
長崎市 メトロ書店本店 095-821-5400
長崎市 TSUTAYA BOOKSTOREみらい長崎COCOWALK 095-842-5509

### 熊 本

荒尾市 BOOKSあんとく荒尾店 0968-66-2668

### 大 分

大分市 ジュンク堂書店大分店 097-536-8181

### 鹿児島

鹿児島市 ジュンク堂書店鹿児島店 099-216-8838
鹿児島市 ブックスミスミオプシア 099-813-7012
鹿児島市 丸善天文館店 099-239-1221

### 沖 縄

那覇市 ジュンク堂書店那覇店 098-860-7175

※順不同。略字はVV:ヴィレッジヴァンガード、BC:ブックセンター、CS:カルチャーステーション、GP:ガーデンパーク

## ■博物館／専門店など

※展示物等に関連した内容の書籍を中心に販売しています。

### 栃 木

茂木町 モビリティリゾートもてぎ 0285-64-0001
那須町 那須クラシックカー博物館 0287-62-6662

### 東 京

江東区 グリース 03-5962-4110
中野区 ブックガレージ 03-3387-5168
八王子市 日野オートプラザ 042-637-6600
三鷹市 東京スバル三鷹店 0422-32-3181

### 神奈川

横浜市 日産ブティック 045-641-1423
横浜市 フラットフォー 045-305-6900

### 長 野

岡谷市 プリンス&スカイラインミュウジアム 0266-22-6578

### 石 川

小松市 日本自動車博物館 0761-43-4343

### 静 岡

浜松市 本田宗一郎ものづくり伝承館 053-477-4664

### 愛 知

長久手市 トヨタ博物館 0561-63-5161

### 広 島

広島市 ヌマジ交通ミュージアム 082-878-6211
福山市 福山自動車時計博物館 084-922-8188
府中町 マツダエース 082-565-6538

### 大 分

由布市 岩下コレクション 0977-28-8900

※順不同

※このリストは、2022年10月現在のものです。

グランプリ出版 〒101-0051 東京都千代田区神田神保町1-32
TEL 03-3295-0005 FAX 03-3291-4418

2022.11 30000

がある」。
③30台の試作車シリーズの完成は1937年4月中葉である。
④「国民車」の誕生は、1938年1月頃となろう。

この作業行程を前提として、早くもダイムラー・ベンツ社のキッセル社長は、ポルシェ社と協力して、〈VW〉試作車30台を製作する委託契約を結んだ。これは、ヒトラーの自動車ショー開会式の演説の示唆にしたがって、ポルシェの〈VW〉計画に全面的に協力するという大幅な政策転換を行ったことを意味したのである。

## ■水平対向エンジンに確定(1936年7月)

ドイツ自動車工業連盟(RDA)は、既定方針にしたがって、1936年6月30日までに最初の試作車〈VW3シリーズ〉3台をポルシェに提出させ、1936年後半(推定では1936年7月1日)から、走行テストに入った。もちろん、この〈VW3シリーズ〉とは1935年末に完成し、そのうちの2台を1936年1月早々にヒトラーに見せた例の3台をいい、このうちリムジン(箱型)1台とオープンカー1台は1936年2月下旬、ダイムラー・ベンツ社のショールームに展示されていたものである。

この〈VW3シリーズ〉3台のプロトタイプのうち、1台が箱型つまり甲虫型で、もう1台はスライド式のサンルーフ型である。

エンジンは、直立2サイクル2気筒，4サイクル4気筒の水平対向と星型の3種類があった(ただし車種とエンジンの組み合わせは不明である)。

ポルシェ設計事務所は〈VW〉のコストを下げるべく、さまざまな試みを行ったようで、オートバイ用の2気筒2サイクルのほかに、OHVだけではなくOHCをも試み、エンジンの配置もリアからミッドシップにして安定性を増そうと苦心していた。

この「3台」の走行テストは、1936年7月1日から直ちに開始される。走行テストのコースは、すでに完成したアウトバーン(シュトゥットガルト→ダルムシュタット→フランクフルト→バート・ナウハイム間)の折り返し、およびカーブの多い山道のシュヴァルツヴァルト一周コースで、各車にはドイツ自動車工業連盟(RDA)の審査員も同乗し、厳しいテストが実施された。

ポルシェの水平対向空冷エンジン。写真は4気筒。

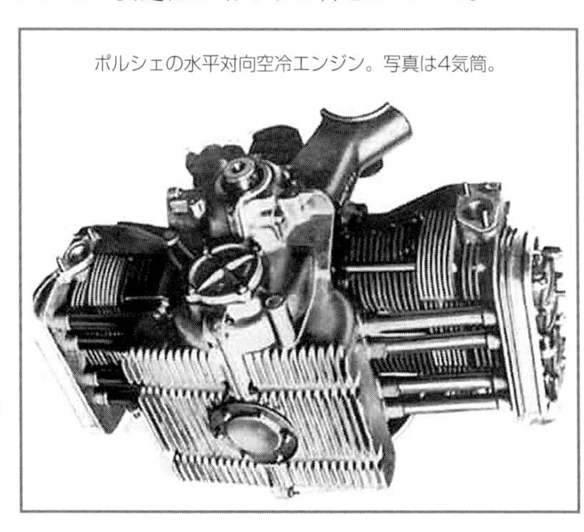

フェリーの自伝によれば「その最たるものは、連日のように実施されている過酷なテストに耐え切れなかった、つまり強靭さと信頼度を欠いていた部品を取り替えるために、もう一度設計をし直すことだった。耐え切れなかった原因が分析されて初めて交換作業に入るのだが、それまでには長い時間と多額な費用が必要となる」。

また、自伝の伝えているポルシェの嘆息「いやはや、フォルクス・ワーゲンは大変なしろものだね。最新型のレーシングカーより手間がかかるよ。価格の問題も頭痛の種だね」、「そういうときの父の表情は沈痛そのものであった」。

RDAのスケジュール表では、「1936年10月中旬」までには〈VW3シリーズ〉を完成させなければならない。そのため決断しなければならない問題は、3種類あるエンジンの選択とその配置、その他の技術的な諸問題である。

おそらく1936年7月の中旬、ホップフィンガーによれば「ポルシェは、まさに真に〈VW〉に相応しく、信頼にたるエンジンとして、995ccの水平対向空冷4気筒4サイクルエンジンに決定した」。つまり、2気筒と星型は放棄された。エンジンの配置もミッドシップが放棄され、リアに落ち着いた。OHCが放棄されてOHVとなった。これによって、これまで試行錯誤を繰り返してきた「技術的な難問」が解決された。

ベルリン・オリンピックが行われたのは1936年8月1日〜16日で、ちょうどポルシェの決断と相前後している。

ベルリン・オリンピックはヒトラーのナチ・ドイツの宣伝として利用されたといわれる。ベルリンで第11回オリンピックを開催するのは、1932年5月の国際オリンピック委員会総会で決定されたが、不況下で不安定なワイマール政権下では、準備は遅々として進まなかった。

ベルリンオリンピックには各種のポスターがつくられた。

しかし、1933年1月30日ヒトラー政権が出現すると、国家的な一大プロジェクトとして推進することが決定された。ベルリンの西に広がるグリューネヴァルトの森を中心に、10万人収容の巨大なオリンピックスタジアム、1万6,000人収容の水泳競技場、2万人収容のホッケー場、30万人収容の集会場マイフェルト（5月広場）などが建設された。

このオリンピックは参加国・地域50、参加人数4,066人、21競技129種目、ヒトラーの開会宣言、初の聖火リレー、初のテレビ中継、それにレニ・リーフェンシュタール監督による記録映画『オリンピア』（第1部「民族の祭典」、第2部「美の祭典」）の成功、ドイツの圧勝など話題に欠かない盛大なものとなった。ちなみにドイツは金メダル33個・メダル獲得合計89個で、2位アメリカの金メダル24個・合計56個を圧倒した。日本は金メダル6個・合計18個で8番目の成績だった。

しかし、ポルシェの伝記、フェリーの自伝には、このオリンピックについては、一言も触れていない。彼らにとって念頭にあるのはクルマのことだけであったのであろう。

註

1)正式名はInternationale Automobil u Motorrad Ausstellung. Berlin、略称Berliner Automobilausstellung。
2)西牟田『ナチズムとドイツ自動車工業』144頁。同書で西牟田教授は、このときの同社のことを「ダイムラー・ベンツ社の自己ナチ化」と呼んでいる(148頁)。
3)ホップフィンガーは、第二次世界大戦中イギリス軍の技術将校で、終戦後ドイツの〈Volkswagen〉工場の接収に関与した。彼のこの著作("Beyond Expectation The Volkswagen Story"1956)は、英仏独の公文書を使用し、ポルシェとは1949年から50年にかけて数度にわたり長時間のインタビューをしており、またVW関係者ともインタビューしている(7p)。このヒトラー会見の記述も、詳細かつ臨場感があり、ポルシェ本人(あるいはヴェルリーン)から直接聞いた可能性がある。
4)古川澄明教授(鹿児島経大論集26-3)の要約による。
5) スロニガー『ワーゲン・ストーリー』によれば、ビートルBeetleの呼び名は1942年7月1日の『NYタイムズ』に始まるという。
6)タトラ社は提訴したが(1939年3月15日ドイツ軍のチェコ侵入によって訴訟は取りやめになり、訴訟は1961年になって、フォルクス・ワーゲン社が300万ドイツマルクの損害賠償の支払を命じられて、解決した。結論からいえば、フォルクス・ワーゲン社がポルシェ社の特許権侵害を認めて、300万マルクを支払ったことになる。ポルシェらが〈タトラ車〉から影響されたものとは、一つはその形体(甲虫型スタイル)と、一つは中央バックボーンフレームの技術である。〈VW〉の形体についていえば、1931年から1932年6月の間(ヴァンデラー社との契約期間が存続している)に、設計された〈ヴァンデラー・プロトタイプ〉(ポルシェ設計番号8番)の形体、1932年3月末に完成するツュンダップ社のための〈ポルシェ・タイプ12〉から、すでに「甲虫」のスタイルを彷彿とさせるものである。他方1922年(1923年説もある)に発表された〈タトラ11〉は、同じような「甲虫」スタイルをしている。ヒトラーもポルシェもコメンダも、〈タトラ11〉が念頭にあって、それに影響されたと考えることもできよう。
7)ドイツ自動車工業連盟 Reichsverband der Automobilindustrie(RDA)は、ダイムラー・ベンツ、アウト・ウニオン、オペル、アートラー・ヴェルケ(Adler Werke)の4大自動車企業を中心とする業界の連盟である。
8)西牟田『ナチズムとドイツ自動車工業』(138頁)によって、「ベルリン・モーターショーへの参加者」をまとめて示しておく。1931年29.5万人、32年統計なし、33年35万人、34年41万人、35年59万人、36年64万人、37年73万人、38年77万人、39年82.5万人。着実に自動車ショーへの関心が高まっているのがわかる。

# 第5章 VW試作車のテストと量産工場の建設

## ナチス期(2) 〈VW3〉+〈VW30〉+〈VW38〉

ポルシェが〈VW〉の仕様を決定した1か月前の1936年6月末、〈VW〉計画にとって、きわめて重大な転機が訪れた。〈VW〉大量生産のための新会社設立計画である。

当初には、ポルシェが設計したクルマをドイツ自動車工業連盟(RDA)に所属する民間自動車メーカーで生産する方法が考えられていたが、1936年6月末、〈VW〉大量生産のための新会社設立に関して、ドイツ労働戦線(DAF)議長のロベルト・ライが、きわめて強い関心を示していることをRDAは知った。

また、4か月ほど前の1936年2月の自動車ショーで、ヒトラーがRDAをお説教したことに触れたが、ヒトラー自身、〈VW〉の大量生産体制の確立、そのための「公益会社」による大工場建設という考えを持っており、ロベルト・ライ議長はドイツ労働戦線内部の強い反対派を、ヒトラーの力を借りて抑え込んでいた。

この動向を踏まえて、ドイツ自動車工業連盟(RDA)は1936年7月27日、コブレンツで協議会を開き、〈VW〉の生産引き受けを正式に放棄する。これは国家による新企業設立の要請を意味した。

つまり、ヒトラーの要求する国民車〈VW〉1台1,000ライヒスマルク以下という値段は途方もなく無理な要求であったから、ダイムラー・ベンツやBMWのトップは早くから(1935年2月以降)、民間主導ではなくて国家主導(公益会社)による〈VW〉生産で、免税特権・大販売網を利用すること以外にコストを下げる方法はないと考えていた。したがって、DAFのライ議長の意向は、RDAにとっても実はヒトラーにしても、渡りに船だったのである。

こうして〈VW〉計画は民間企業の手を離れて、ドイツ労働戦線(DAF)を軸に動き出すことになる。

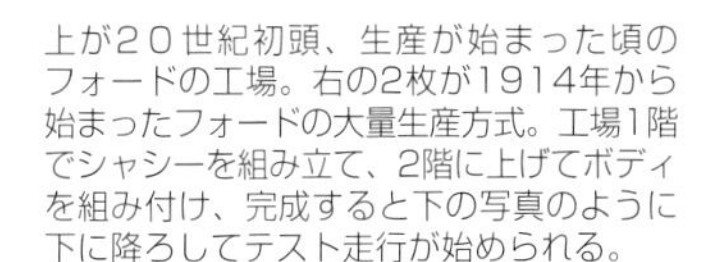

上が20世紀初頭、生産が始まった頃のフォードの工場。右の2枚が1914年から始まったフォードの大量生産方式。工場1階でシャシーを組み立て、2階に上げてボディを組み付け、完成すると下の写真のように下に降ろしてテスト走行が始められる。

## ■ポルシェの最初の訪米(1936年8月)

ポルシェは、こうして〈VW〉の開発だけでなく、その生産体制に関しても大きく関与することになる。その経緯は、ホップフィンガーによれば次のようである。

ポルシェの友人ヴェルリーンは、1936年2月の自動車ショー開始以前から、アメリカに行って「最新式の大量生産方式」を視察してきたらとポルシェに勧めていた。ポルシェもその必要性は十分解っていた。しかしながら、まだ〈VW〉の技術的な問題が解決せず、しかも言葉の通じない外国に行くのは、あまり気が進まなかった。

当時のデトロイトGM本社ビル。

フェリーの自伝では、ヒトラーから「アメリカに行って、デトロイトの自動車界が実施しているマスプロ方式とその施設状況を視察してほしい」という通告を受けたと回想しているが、この「通告」は1936年6月末のこと、ドイツ労働戦線のロベルト・ライの意向である公益企業による生産計画がはっきりしてからと思われる。この「通告」を受けて、ポルシェは1936年7月中には〈VW3シリーズ〉仕様を決定して、1936年8月8日頃、オリンピックの最中に初の訪米の旅に出発する。

ポルシェと英語のできる秘書ギスライネ・ケースの二人は、ホップフィンガーによれば、アメリカ3大自動車会社であるフォード、GM、クライスラーの重役宛ての紹介状を持参して渡米する。

ポルシェ自身が驚いたことであるが、ポルシェは有名人として扱われ、どの工場でも喜んで門戸を開いてくれた。彼は3大自動車工場で、ストップウォッチを片手に、連日、大量生産ラインに立ち、大量生産方式と最新の大量生産のための工作機械について学び、ボディの製作過程、素材の扱い方なども学んだ。ポルシェは、もしこれら大量生産用の専用機械があれば、車両価格は相当廉価に抑えられることがわかった。記録はノートブック数冊にもなった。

ポルシェは大量生産のための工場建設に必要な、多種多量の情報を携えてニューヨークを発った。ポルシェがニューヨークから有名な〈クイーン・メリー〉号処女航海の帰途に乗船したこと、アメリカ滞在が「4週間弱」であることが判明している。

〈クイーン・メリー〉号は1936年8月31日にはサウザンプトンに帰港しており、ポルシェはアメリカからの帰途、イギリスでオースティン卿の私的招待を受けて、〈T型フォード〉の影響でつくられた〈オースティン7〉などを大量生産しているオースティン自動車の工場を見学するなど、3日間を過ごしている。つまり帰国は9月4日頃であろう。

ポルシェは、帰国後、ヒトラーに視察報告書を提出した。

## ■4か年計画：人造石油と合成ゴム（1936年9月）

4か年計画とは、軍備と自給自足との促進に向けてドイツ経済を調整することを狙いとするもので、1936年8月(26日)のヒトラーの「秘密メモランダム」に始まる。1936年9月4日の閣議でゲーリングが、ロシアとの対決は不可避との前提に立って、ドイツの化学工業、機械工業、鉱山業などの原料の外国依存から脱却し、ドイツ経済を「4年以内に戦争遂行可能」にすること、ドイツ軍を「4年以内に出動可能」にすることという二大目標が確定された。

オリンピック熱狂の余韻がまだドイツを覆っている1936年9月8日(9月14日まで)から始まったニュルンベルク・ナチス党第8回大会で「4か年計画」として公表された。具体的には、石油の輸入依存からの脱却と自動車産業の発展とを見越して、人造石油、合成ゴム、爆薬、肥料などの自給自足化を図るものであった。

イー・ゲー・ファルベン社[1)]はこの計画の立案と遂行に深く関与し、なかでも人造石イー・ゲー・ファルベン社の本社ビルは、現在フランクフルトのゲーテ大学の建物として使用される。ヒトラーの保護のもと巨利を保証されたマンモス企業だった。

油部門の責任者カール・クラウホはヒトラーの「秘密メモランダム」の原案をつくり、4か年計画の全権をもつゲーリングに次ぐナンバー・ツーの地位である化学生産総監となり、同社は4か年計画の全予算(9.6億ライヒスマルク)の三分の二を獲得している。

この4か年計画は1936年10月(28日)から開始されるが、人造石油も合成ゴムも自動車産業との関わりのなかから生み出されてきた部門であるから、後に見るように、〈VW〉新工場の建設計画も、この4か年計画に統合されていく。

この4か年計画のなかで最も重視された分野である〈VW〉の足と血液である合成ゴムと人造石油について述べることにする。

合成ゴムの開発は、高分子化学の発達の所産であって、この高分子・重合という理論は、1930年にドイツのヘルマン・シュタウディンガーによって提唱された。イー・ゲー・ファルベン社は、合同後の1926年1月から合成ゴムの研究開発を再開し、石炭(＋石灰)→アセチレン(＋黄色酸化水銀)→アセトアルデヒト(＋苛性ソーダ)→アルドール(＋ニッケル粉末＋水素)→(400度に加熱・分解)ブトール→(冷却・液化)ブタジエン、という複雑な反応の開発に成功した。

1933年にはイー・ゲー・ファルベン社は、シュタウディンガー理論に導かれて、このブタジエンにナトリウム触媒を用いて重合させ加硫することによって、人造ゴムの合成に成功した。ブタジエンとナトリウムの共重合であるから「ブナ」と呼ばれた。天然ゴムよりも耐磨耗性・耐老化性に優れ、自動車用タイヤに最適であって、〈KdFワーゲン〉にはこの「ブナ」タイヤが用いられている。

石炭は世界最大規模で産出するものの、石油資源に乏しいドイツでは、第一次世界大戦以前から人造石油の研究開発が行われていた。

一つはフィッシャー・トロプシュ法で石炭をガス化し、触媒を用いて水素ガスと反応させる製法、もう一つはベルギウス法と呼ばれ、高温高圧下で石炭に直接に水素を添加する方法であるが、いずれも実験段階にとどまった。ワイマール期、石油資源が10年ほどで枯渇するという予測(中東の大油田発見前のこと)もあり、またドイツにおける自動車工業の発展に伴うガソリンの需要増が予測され、また当時のドイツでは石油はほぼ全量を輸入に依存していたこともあって、イー・ゲー・ファルベン社の成立後、ベルギウス法による人造石油の生産に踏み切る。しかしながら、1920年代の後半から1931年にかけて、原油価格は暴落し、同社の人造石油戦略は大打撃を受ける。

イー・ゲー・ファルベン社による人造石油戦略が復活するのは、ヒトラーが1933年2月11日モータリゼーションを旗印に、自動車産業とアウトバーン計画を打ち出してからである。早くも1933年3月には同社は人造石油計画をもって経済省と接触を開始し、1933年12月14日には経済省と「ベンジン（ガソリンのこと）協定」を結び、5,063万ライヒスマルクの政府援助を得た。

イー・ゲー・ファルベン社は、1933年に自動車用ガソリンを10.8万トン、1934年には15.3万トン、1935年には自動車用ガソリンと動力用ガス合わせて24.2万トンを生産している。

1936年10月から始まる4か年計画では、この人造石油・合成ゴムが目玉製品となり、この年1936年には自動車用と航空機用ガソリン、動力ガス合わせて46万トン、1938年には101.7万トン、1943年の最高時には、自動車用・航空機用ガソリン、ディーゼル油、動力ガスなど含めて370.9万トンが生産された。

ただし、石油自給率は、たとえば1939年において35％程度にとどまり、不足分のうち50％をヨーロッパ地域、特にルーマニアからの輸入に、残りの15％ほどはヨーロッパ以外に頼らなければならなかった。

また、石油代替品としての「動力用アルコール燃料」の研究開発は、1925年からドイツにおいて行われた。ガソリンに水分を含まないアルコールを20％ほど加えると、オクタン価が高められる。アルコールはサトウキビ・トウモロコシ・ジャガイモなどから、ロケットV2の燃料であるエタノール（アルコール燃料；エチルアルコール）をつくりだした。

ゴムと石油、この二つが人造でつくられるようになり、完全自給にはほど遠かったが、ポルシェの〈VW〉もアウトバーンを高速で走行することが可能となるのである。

## ■ヒトラーの新工場構想：DAF＋KdFの浮上（1936年秋）

フェリーの自伝によれば「1936年の秋ごろ（1936年10月12日以降のこと）になって、第1回目に製作された30台（3台の間違いである）のVWプロトタイプ車の報告をヒトラーにした。この折りに私はヒトラーの面前でデモ走行したが、彼は実に満足げに喜んでいた。『とうとう技術的な難題を解決したね』と、このとき彼は心から賛辞を

1928年シボレーは、生産500万台を達成した。アメリカの大量生産方式を視察したポルシェは、VWの工場も設計することになる。

送ってくれた」。

ヒトラーとポルシェ父子との会談では、そのほか「全体的に見れば、経済という難題がもう一つある」が、これはドイツ労働戦線(DAF)に任せるという「処置」を取ったこと、DAFのロベルト・ライは「歓喜力行団 Kraft durch Freide(KdF)」の育ての親ボド・ラフェレンツを推薦してきたので、ヒトラーは彼を任命したこと、工場は運河・鉄道・アウトバーンに近いドイツ中央部が良いだろうとのこと、そしてこの新しい工場にはラフェレンツのほか、ポルシェ博士も参加してもらわなくてはならないこと、などであった。

そのほか、フェリーの自伝は、この1936年秋(10月12日以後か)の会見の際のことと思われるが、ポルシェがアメリカから持ち帰った、大量生産に関わる新工場建設の報告書を見たヒトラーは、ポルシェに言う。

> 「貴殿のこの報告書をもとに大量生産方式の工場を、もう設計できそうかね。いいかね、どんなことがあっても、価格は1,000ライヒスマルクを出てはいかん。投資の償還は考慮せんでも良い。販売方法には相当費用がかさむだろうが、あまり気にせんでよい。それは問題にしておらん。〈国民の車〉を売るのだから、中間マージンも、利益も不要、漁夫の利はいかん。問題はただ、おわかりだろうが、売り方ではない、どうつくるかだ！」

ヒトラーの発言の意味することは明らかである。1,000ライヒスマルクを下回る〈VW〉をつくりだすには、どうしてもフォード流の大量生産方式を導入しなければならず、その新工場の設計をポルシェに任せたこと、そのためには採算を度外視できる国家主導でいくことを示唆している。この時点において、ヒトラーは新工場〈VW〉の新人事、工場建設の極めて具体的な構想を持っていたことになる。

## ■〈VW3〉シリーズの完成(1936年12月)

ポルシェは1936年8月上旬に渡米するが、ポルシェ不在のあいだも、新しく水平対向エンジンを搭載した〈VW3シリーズ〉の3台が、細部の点検をふくめて走行テストを繰

1936年シュトゥットガルト近郊のポルシェの家の前のプロトタイプ。右が〈VW3シリーズ〉の1台、左は〈VW30シリーズ〉と思われる。

り返した。ボディはダイムラー・ベンツ社で製作に入っており、これが完成するのは1936年10月12日のことである。

ホップフィンガーによれば「1936年10月12日、3台のクルマは正式に（RDA議長の）アルマース氏に引き渡された」という。大島隆雄教授も「〈VW3シリーズ〉の3台ができ上がったのは、1936年10月12日であったが、RDAのテスターによって、同年12月22日まで、約15万キロの走行試験が完了した」と指摘している。

走行テストは3台が完成した翌日、1936年10月13日から直ちに再開された。コースは、すでに述べたように、完成したアウトバーンでの折り返し、およびカーブの多い山道のシュヴァルツヴァルト一周コースで、各車にはRDAの審査員が同乗し、どのような天候であったか、どれくらいの速度で走ったか、どのような欠陥や不備が生じたか、正確なメモが残された。以下、1936年10月13日から12月22日までの「70日間」のテスト走行の様子である。

1台のクルマが戻ると、テストデータが手渡され、給油され、整備され、次のクルーに交代して出発する。30分も経たないうちに、次のクルマが戻ってくる。同じ手順で、直ちに出発する。こうして、夜を日に継いで、過酷な走行テストが続けられた。各車の具体的報告書を見よう。

・2号車（1936年）11月8日、プフォルツハイムへの途次、砂利の直線道路を25km/hで通過、ステアリングに軽い振動が約25秒間続くのが感じられた。同一速度で、他の砂利道振動が起こるかどうか試みたが、振動は起こらなかった。最初の振動が起きてから4時間後、フロイデンシュタットの街路を24km/hで走行中、砂利道を通過したとき、同じ振動が15秒間続いた。

・3号車（1936年）11月15日、深夜11時52分（走行距離2万1,076km）、カールスルーエ付近のアウトバーンを86km/hで走行中、ライトに目を眩まされた牡鹿が飛び出してきて、ひき殺してしまった。クルマは27mで止まった。車体の前部はひどく凹んだが無事帰還した（鹿は皆で食べてしまった）。

・1号車（1936年）11月28日、午後早々、エンジンから軽いショックが感じられた。このときの速度は84km/h、40分後、午後3時22分（走行距離3万6,217km）、衝撃音がはっきり聞こえた。同3時36分(3万6,229km)、大きな音がして、エンジンは不規則になった。クルマを直ちに止めた。第3シリンダーのコネクティングロッドが壊れ、クランクケースにつき刺さっていることが判った。検査の結果、ロッドの材質不良であることが判明した。

この記録を見ると、あらゆる状況での走行を想定して、真夜中もテストを行っている。〈VW3シリーズ〉の3台は、休日なしの70日間で、それぞれ5万kmを走破したという。一日には平均710kmほど、最高速度100km/hとしても7時間以上、上に見た走行記録だと、一般道路で25km/h、アウトバーンでも86km/hであり、ときには事故や故障もあったりであるから、時間はもっとかかったであろう。

こうして遂に審査員が「根本的な欠陥はない、クルマの性能と特性は良好であり、開発をさらに推し進めるだけの価値はある」とテストの終了を宣言したのは、1936年のクリスマス直前(12月22日)のことであった。

ポルシェたちは1934年6月22日にRDAと〈VW〉開発の契約を結んでから1936年12月22日まで、2年と6か月かかって、〈VW3シリーズ〉の開発は、ひとつの区切りを迎えたのである。

## ■1937年の自動車ショーにおける ヒトラーの演説とVW30の完成

1937年2月20日、自動車ショーの前日の夕刻、ヒトラーは自動車工業労働者を含む400人をベルリンのカイザーホーフ・ホテルに招宴し、正式に〈VW〉生産の実現をドイツ労働戦線(DAF)議長、ロベルト・ライ博士に委任したことを公表した。

翌21日の開会式(参加人数のべ73万人)で、ヒトラーは、過去4年間のナチス政権の努力によってドイツ国民が自動車を特権階級のものと看做すことを止め、親しみを持つようになったこと、〈VW〉の誕生が近いこと、そして、その仕事を4か年計画のほかの諸課題と結びつけたこと、さらに〈VW〉が生産されても所得の高い層はより高価なクルマの購入に向かうから心配する必要はないと演説した。

そのあとドイツ自動車工業連盟(RDA)の議長アルマースが演壇に立ち、〈VW〉は目下、試作車によって試験が実施されており、「最終製品は総統と国民の期待を完全に満たすものになろう」と、演説した。

1937年5月末、〈VW〉の第1回目の試作車3台に継ぐ、第2回目の試作車30台が、ダイムラー・ベンツ社で完成する。すでに見た1936年7月4日付ゲッベルス宛書簡では、「1937年4月中旬」という計画であったから、ほぼ計画に沿って進行している。ボディとシャシーはダイムラー・ベンツ社が供給し、クルマ全体の組み立てもダイムラー・ベンツ

ダイムラー・ベンツ社でつくられた30台のプロトタイプ。最初の設計案より小排気量のエンジンとなっていた。

社が担当したが、同社にしても、1937年の自動車ショー(3月7日の閉会まで)に間に合わせることができなかったようだ。この30台は〈VW30シリーズ〉(数字は生産台数)と呼ばれることになる。ダイムラー・ベンツ社は1936年7月にポルシェ社とボディ・シャシーの製造、クルマ全体の組み立て契約を結んでから、10か月間ほどで完成したわけである。

〈VW30シリーズ〉の技術的データが、最初の設計案と大きく異なっているのは、排気量が1,250ccから996ccへと縮小されていることであろう。

## ■ポルシェ第2回目の訪米(1937年6月)

大量生産の新工場建設案は、1937年2月20日の自動車ショー前夜祭におけるヒトラー構想の発表、つまりドイツ労働戦線(DAF)のロベルト・ライに一任するとの発言で具体化する。

1937年4月には、ドイツ労働戦線の下部組織KDFの「旅行休暇局」は『〈VW〉車の実現』という報告書を出した。作成者は、ヒトラーがポルシェと並んで新工場の執行責任者に内定していたボド・ラフェレンツ博士である。彼は、ここで〈VW〉車の市場開拓・販売政策を論じており、後にその大部分が実施されたという。

1937年5月28日「ドイツ・フォルクスワーゲン設立準備有限会社、通称ゲツフォール」が設立された。資本金4,800万ライヒスマルクは、全額ドイツ労働戦線が負担した。本社はベルリンに、事務所はシュトゥットガルトのポルシェ設計事務所に置かれた。三人の取締役・業務執行者には、ヒトラーの予告通り、KDFの局長 ボド・ラフェレンツ、およびアメリカから膨大な大量生産工場の資料を持ち帰ったポルシェ、三人目にはナチス政権に大いに貢献している民間自動車企業・ダイムラー・ベンツ社の取締役ヤーコプ・ヴェルリーンが就いた。

なお、「設立準備有限会社」時代は、この1937年5月28日から「VW有限会社」が設立される1938年9月16日までである。

客船ブレーメン号上のフェリー・ポルシェ。親子で渡米した。

準備会社の任務は、工場建設地を決定し、大量生産を可能にする工場そのものを設計し、そして〈VW〉の生産に移らなければならない。そのためには、大量生産の本拠地であるアメリカ・デトロイトを訪問して調整する必要があった。

1937年6月上旬、設立準備会社の三人の業務執行者たちの一行が大西洋を渡る。ポルシェにとっては2度目の訪米である。目的のなかには、大量生産工場の実地視察のほかに、大量生産専用工作機械の購入、ボディ組立ての際の電気溶接(この技術はまだヨーロッパには導入されていなかった)の指導や工場管理のできるドイツ系熟練労働者の募集が含まれていた。

ポルシェには、実はもう一つ大きな目的があった。6月に行われるヴァンダービルト・カップレースを観戦することである。ニューヨーク州ロングアイランドで行われるこのレースに、ポルシェの秘蔵っ子、ベルント・ローゼマイヤーがアウト・ウニオンの代表として出場するからである。

フェリーの自伝では「ごく短い期間」(4週間)といっているから、訪米は1937年5月28

アウト・ウニオンCタイプ。写真は走行会のものだが、当時のフォーミュラマシンとしては運転席の位置が逆と言っていいくらい前方なのが分かる。

日の設立準備会社創立の後、恐らく6月20日にはドイツを発ち、7月の17日頃には帰国していると思われる。

この訪米は、ラフェレンツ夫妻、ヴェルリーン、ポルシェ父子、ポルシェ社の設計担当者オットー・デュクホフなど設立準備会社の関係者と、ドイツの2チームのレーシング関係者とからなる大型訪米団となった。ポルシェたちは在米領事館の協力を得て、フォード社などから上記の条件にあった20名の募集に成功した。大量生産用の何種類かの専用工作機械だけでなく、一体で鋳造したフォードV8エンジンも1台購入した。

そしてもちろん、デトロイトから東下して、ローゼマイヤーが優勝するのもしっかり見届けた。2位にはメルセデスが入った。

フェリーとポルシェの自伝も伝記も、ヘンリー・フォードを訪問したときの、興味あるエピソードを伝えている。それは次のような会話である。

> 「最後にポルシェはフォードに尋ねた。『一度ヨーロッパに来てみませんか。私が喜んでご案内します。ドイツの工場ならどこでもご自由に』。しかしヘンリー・フォードは頭を横に振った。
> 『今では、どう見ても世情が不安定すぎるようです。場合によっては戦争に発展しかねない。まあ、この状態では長旅は無理でしょう』重苦しい沈黙が支配した。父はその言葉に少しショックを受けたようだった。この時点で父にとっては、戦争などはまったく思いもよらないことだったのだ。父が理解することができた重要な現実といえば、ドイツがしっかりした足取りで発展し、荒れ果てた経済が復興され、失業者が皆無になることだった。『それは本当の話ですか』父は尋ねた。『まさか本気でおっしゃっているわけでは——。もしそうだとしても、いまさら戦争を考えている人がいるでしょうか。今までの苦労が水泡に帰してしまうではありませんか』」

父ポルシェのこの発言に対して、息子のフェリーは次のような感想を述べている。「合理的に判断する父の目には、今のドイツが他国を征服するような狂気じみた夢、野望などは見えなかったし、とうてい父の脳裏に入りこむ隙がなかったのだ。彼には、自動車、エンジン、そしてそれら全部をまとめた業界がすべてだった」

1921年ポルシェは息子フェリーのためにエンジン付きの子供用自動車をつくった。そうした一面もあった。

ポルシェの伝記作家も「そもそも政治問題など老ポルシェはほとんど無関心でいた。彼の歩む道を決定づけたのは、興味ある製作の仕事を委託されたことであり、仲間たちと一緒に技術的問題を解決し得たことであり、それがうまくいって自分の工場を持つことができたことである。政治については一切知ろうともせず、政治的討論に加わることもなかった」と述べている。

## ■VW30シリーズの走行テスト(1937年夏)

1937年7月初めにアメリカから帰国したポルシェたちを待ち構えていたのは、〈VW30シリーズ〉の走行テストとアメリカ視察の成果を踏まえた大量生産工場の設計、それにこの工場を中核とする新工業都市の建設設計であった。

工場建設の候補地が最終的に決定されるのは、1938年初頭になってからのようである。さし当たってポルシェ父子は、〈VW30シリーズ〉の試走テストと工場の設計図の作成に全力を傾注することになる。

〈VW30シリーズ〉の耐久走行テストは、息子のフェリーが総責任者に任命された。この〈VW30シリーズ〉の走行テストについて、フェリーの自伝ではいとも簡単に、「30台の〈VW〉プロトタイプ車は、私が責任者となり、親衛隊(SS)が選抜したクルーたちによって、果てしなく続くように思われるテストにさらされた。しかし、結果が良好だったので、ついにテスト完了が決定されたが、まだ生産体制には入れなかった。というのは、いくつか改善する必要があるところがあったからだ」とだけ述べられていて、耐久走行テストの開始・終了の日時を明記しない。

ところで、何故ここで突如、SSが登場するのであろうか。ホップフィンガーによれば、ヤーコプ・ヴェルリーンの発案にかかわり、ヒトラーが了承を与えたものであ

はじめのVW30シリーズの1台の傍らに立つポルシェ。なおポルシェ設計事務所の説明では、このシリーズの最初の1台(写真)はポルシェのガレージでつくられ、残りの29台がダイムラー・ベンツでつくられたとなっている。

テスト走行への出発を待つVW30シリーズ。(1937年)

る。

ヴェルリーンは、SSが全ドイツから集められているからほど良い無作為抽出になること、SSは軍人であるから機密保持に良いこと、テスト結果の最も厳密な保証になること、という理由を挙げたようだ。ヒトラーは直ちに賛成し、急遽200名のSS隊員を集めること、テスト本部をシュトゥットガルト近傍のコルンヴェストハイム市にある兵舎の車庫と仕事場に置けば都合が良かろうと決定した。

コルンヴェスト兵舎前に並んだVW30シリーズ。

VW30シリーズのシャシー。

ところで、この1937年後半時点におけるSSはどのような組織と規模を持っていたのであろうか。SSは、初めはヒトラーのボディガード部隊として出発するが、1929年1月16日、ヒトラーがハインリヒ・ヒムラーをSS帝国指導者に任じてから「ナチズム運動隊の中でも最高の肉体を持ち、最も信頼にたる誠実な人間」の組織となり、1933年1月30日、ヒトラーが政権をとったとき、SSの隊員は5万2,000人となっていた。

1936年10月1日、SS特務部隊総監についたパウル・ハウサーは、主要都市に分散していた「SS特務部隊」をミュンヘンの「SSドイチェラント連隊」とハンブルクの「SSゲルマニア連隊」の2個連隊に統合した。SSは以後複雑な発展を遂げるが、通常は
①一般親衛隊：名前だけの名誉会員、行事があるときに制服に着替えて参加するパートタイマー。
②保安情報部(後国家情報機関)＋保安警察(帝国刑事警察・秘密国家警察)。
③SS特務部隊(武装親衛隊 ：WaffenSS＋どくろ部隊：SS-Totenkopfverbünde)。
に分けられるようである。

走行テストを担当したSSの隊員は、したがってミュンヘンとハンブルクに配属されたSS特務部隊、つまり「SSドイチェラント連隊」と「SSゲルマニア連隊」から抽出された、運転免許証を持った200名の隊員であったことになる。

走行テストの手順、走行ルートを決定し、かつ検査を厳密にするために、各車にはさまざまな測定器具を搭載した。ブレーキやペダルを踏み込んだときの電圧計、ペダルやレバーの作動数測定器、速度ごとの空冷エンジンの温度測定器、オイル循環測定器などである。

30台の〈VW〉と200名のSSの隊員とを統率して走行テストを行った総責任者フェリー・ポルシェの任務は、これらすべての結果を分析し、欠陥があればそれを改良し、2か月ごとに「〈VW〉設立準備有限会社」(1937年5月28日～38年9月16日)に定期的に

1937年VW30シリーズのうちの1台。この時点で後部の窓がないのが分かる。ボディ、駆動部ともオールスティール、空冷水平対向4気筒のエンジンを搭載している。

前頁のVW30シリーズのフロントビュー。全体のイメージとしてはVW3シリーズと同様にドアノブは前に位置しているが、ヘッドライトはフェンダーに移動している。

報告をすることであった。

この走行テストは、いくつかの資料を検討してみると、走行テスト開始後、8か月ほどで完了したと見て良さそうである。結論として、1937年7月上旬に帰国してから8か月後、つまり、1938年3月上旬には終了したと思われる。

ところで〈VW〉は、大人4人に子供1人、荷物50kg、最高時速100km/hという設定だから、1台に少なくとも4人は搭乗したであろう。

ホップフィンガーは、この走行テストは「交代で・昼夜」と言っている。30台で1日120人、200名がローテーションを組んで8か月間、全30台の全走行距離は241万4,100km、1台当り平均は8万470km、中には10万kmを超えたクルマもあったという。

このSSの話に関連して、ポルシェがナチス党のSSに入隊した話は、自伝にも伝記にも、またポルシェに関する多くの文献にも触れられていない[2)]。

果たして、ポルシェがナチス党のSSに入隊したのかどうかという問題に関するわれわれの結論は、詳細な論証は「註2)」を見ていただきたいが、次のようである。確かにポルシェは(届けられた)入隊出願書に記載して提出したが、機械工学に係わる諸問題以外には全く関心を持たぬポルシェは、SS全国指導者ヒムラーの、この独断的でポルシェ本人の意向を完全に無視した措置を気にもしなかったし、完全に無視し得た。従っ

アウトバーンをテスト走行するVW30シリーズ。

1937年にVWの他にポルシェでは、ダイムラー・ベンツのレコードカー、ポルシェタイプ80の開発も始まっていた。1938年から39年に実際に走っている。

て当然、ポルシェ本人は自分が隊員であるとの認識を全く持っていなかった。

1937年から戦時・終戦までのポルシェに関する写真のなかで、常にポルシェは平服できちんとネクタイを締めている。ヒトラーやナチス高官と一緒に撮っている写真でも、戦車の試運転の写真でも、ポルシェの軍服姿は一枚もない。もしポルシェが隊員(「一般のSS隊員」)であったならば、正式な国家的行事や儀式、あるいは軍事演習などには、制服に身を固めて参加しなければならないはずである。ポルシェが自分はSSの隊員であることを知っていて、過去の栄光ある業績を盾に、この事実を無視したと解するのは、ポルシェの人柄から判断して、とうてい無理ではなかろうか。

## ■二度目の〈VW30シリーズ〉の完成(1938年10月)

1938年2月18日から3月6日まで、恒例の自動車ショーが開催された(参加者延べ77万人)。1938年3月13日にはオーストリアが併合され、さらに1938年5月26日には〈VW〉新工場の定礎式が行われるが、これらについては後に触れることにして、〈VW〉の話を続けよう。

SSによって耐久走行テストにかけられた最初の〈VW30シリーズ〉は、1938年3月中旬にはテストを終了した。フェリーの自伝によれば「いくつかの箇所が改良されなけ

1938年には生産型に近い形状までデザインが近づいている。後部に窓が付き、ドアも後開きとなっている。

ればならなくなり、急遽、われわれはロイター社にボディを依頼し(1937年12月末のこと。後述)、第2回目の30台の製作に取り掛かった。そして、やっと1938年に入って、作業が軌道に乗った。この2回目の30台のプロトタイプ車は、ボディにマイナーチェンジが施され、指摘された箇所は全部改良された」。

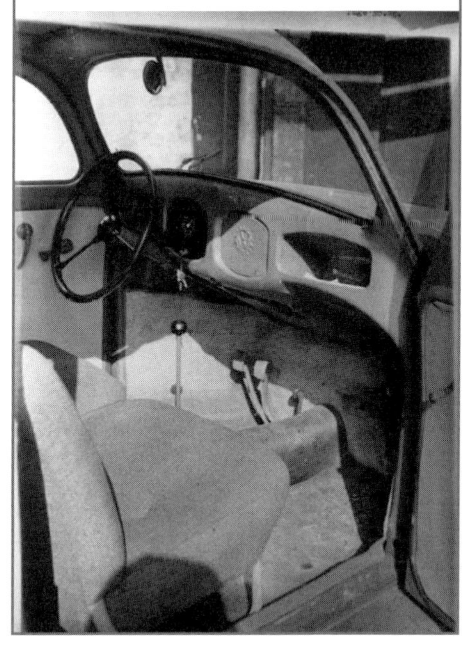

2回目の30台のVWの室内。後開きのドアになっており、ダッシュボードもシンプルそのものである。

このボディのマイナーチェンジではっきりしているのは、ドアの前方開きから後方開きへの変更である。

ところで、フェリーのいう「第2回目の30台」について、ポルシェの伝記は、異なった理由をあげている。

「翌1937年春(5月末である)には、ダイムラー・ベンツ社で30台のVW30シリーズ試作車が完成された。ドライバーとしてハンドルを握ったのは、200名のSSの隊員であった。(中略)さらに30台の試作車が、要するに宣伝のためにつくられた。(中略)次の段階はいよいよ最終的な型(1938年に製作されたので、VW38と名付けられた)を製作することであった。VW3シリーズ、VW30シリーズ、ならびに今回のVW38はいずれも996ccエンジンを搭載していた。(中略)ヴォルフスブルクに建てられたフォルクスワーゲン工場の礎石は、1938年5月26日に置かれた」

これによれば、〈VW30シリーズ〉は、1937年春(5月末)には完成した最初の〈VW30シリーズ〉と、その後宣伝用に30台つくられた(つまりVW3/30シリーズは全63台製作された)ことになるが、その時を明示していない。その上さらに試作車としての「最終的な型」の〈VW38〉が予定されていると解される。

なぜ「2回目の30台」が製作されたのか。ホップフィンガーは自伝とも伝記とも異なった理由を挙げている。以下、ホップフィンガーの文を訳出する。

「フォルクス・ワーゲン〈30シリーズ〉プロトタイプのテストが終了するや否や、〈60シリーズ〉として知られる、もう1組の30台のプロトタイプの製造が決定された。この2組目のプロトタイプ車が製造された真の理由は、以下のとおりである。すなわち、〈30シリーズ〉プロトタイプは、この年、かなり恵まれた気候の下でテストされて、各車はそれぞれ8万km以上を走破したので、この〈60シリーズ〉プロトタイプでは、同じ距離を、相当な悪天候の下で行われるべきだという理由である」

「さらに過酷な条件下でのテスト」を行うためであったという。なお生産台数については、〈60シリーズ〉という自伝も伝記も使用していない言葉を使っているが、〈VW30シリーズ〉が2回にわたってつくられ、合計で60台製造されたといっているから、結論からいえば、自伝・伝記の生産台数と一致する[3)]。

それでは、新たな2度目の30台はいつ製造され、いつ走行テストを完了させたのか、自伝も伝記も言及しないが、ホップフィンガーが、少しだけ触れている。

「フォルクス・ワーゲン〈30シリーズ〉モデルのプロトタイプ・テストはすでに完了し(1938年3月中旬)、〈60シリーズ〉モデルのテストは最終段階にあった。60プロトタイプ(2度目の30台のこと)は、可能な限り苛烈なテストを受けており、初め

VW30シリーズのボディをつくったロイター社はツュッフェンハウゼンのポルシェ工場の入口になっていた。

1938年ポルシェはオフィスをロイター社の隣りのシュトゥットガルト・ツュッフェンハウゼンに移転した。

の30台の8万km以上が計画されていた。このテストには、300人以上がかかわり、最初のプロトタイプ車を含めると総額1,500万マルクの費用に達した[4]」

今度は、300人ほどが従事したというから、新たに100名のSSが動員されたのであろうか。

## ■最終型試作車〈VW38〉の完成（1939年7月）

「2度目の30台」は1938年10月12日には走行テストを完了し、このシリーズ（1回目の30台と2回目の30台の計60台）は終わりを告げ、次いで、同日（1938年10月12日）には「最終的な型つまりVW38」の製造が決定され、直ちに製造に移り、〈VW38〉は1939年7月までには50台が製造されたわけである。

フェリー自身も、1939年9月（1日）の戦争が勃発するまでには、「約50台は実際に完成された」と繰り返し述べている。フェリーは、父親とともに1939年8月初めにSSと「日帰りの行楽」旅行をしたことを回想している。

これは1939年7月に完成した50台の〈VW38〉の走行テスト中のことであろうが、ポル

ポルシェがKdFワーゲンのコンポーネントを使ってつくったスポーツカー。上が1937～38年の1.5リッターエンジンタイプ64、下が1939年のタイプ60K10。いずれもベルリン～ローマラリーへの出場を目指した。

シェ父子が揃って参加したのは「お別れパーティー」だった可能性がある。というのはSS特務部隊の「主要な部隊」は、1939年夏にはポーランド電撃戦に備えて海路東プロイセンに移動されており、上級のドイツ陸軍に編合されているからである。

つまり〈VW38〉のSSによる走行テストは、1939年8月初めまでは行われたが、それ以後は行われなかったと思われる。しかも、彼らは危険をものともせずに果敢に戦い、多くの犠牲者を出したという。

さて、50台の走行テストは、車両が完成した1939年7月から直ちに開始される。それは1939年8月初めまでは行われていたと考えられるが、フェリーの自伝によれば、

DAFの宣伝誌Arbeitertumでは、KdFワーゲンに群がる労働者が表紙となっていた。

「この50台が全部、いわゆるナチのお偉方が、“実に経済的である”という口実で、彼らが自称する、これまた“実に重要な任務”のために、ところかまわずドライブに使用されてしまっていたのである……という理由で、彼ら以外には誰もフォルクス・ワーゲンを入手することができなかった」

と述べている。

SSによる走行テスト中でも、ナチのお偉方が“重要な任務”のために持ち去ったクルマもあったようだから、50台すべてを使用したものではないようである。

ともあれ〈VW3シリーズ〉(3台)、〈VW30シリーズ〉(60台)を経て、試作車としての「最終的な型〈VW38〉」(50台)への進化した状況は、ホップフィンガーによれば、次のようである。

「ポルシェは、いまや走行テスト中に得られた結果をもとに、最終的な生産図面を描くことが可能になった。つまり、技術的に興味深いことに、水平対向4気筒995ccエンジンは、もともと1934年に設計され(1934年1月完成のポルシェ32型)、プロトタイプ〈VW3シリーズ〉と、少し改良されて〈VW30シリーズ〉(最初の30台)と〈VW60シリーズ〉(2度目の30台)とに搭載されたエンジンであるが、トランスミッションとともに、全テスト期間を通じて、絶対的な信頼性を証明した。同じことは、フロントとリアに横置きされたトーションバーによるサスペンション、車台、車体についてもいえた。こうして、熟成されて、すべての

部品が、いささかの変更を加えることもなく、〈フォルクスワーゲン38〉、略称〈VW38〉として知られるようになる生産モデルに用いられることになった」

完成した試作車〈VW38〉は、当然ながら〈カー・デー・エフ・ワーゲン（KdF VW）〉にそのまま引き継がれることになる。

最終的な型〈VW38〉までに至る、試作車の製作状況をまとめてみると、

①VW3シリーズ、3台。1934年6月22日契約。1935年12月末完成。1936年10月12日にはエンジンは空冷水平対向一種類に絞られ、以後1936年12月22日までドイツ自動車工業連盟による走行テストを受けて完成する。

②VW30シリーズ、30台。1936年7月ダイムラー・ベンツ社にボディ製作発注。1937年5月、30台完成。200名のSSによる走行テストは、1937年7月から1938年3月（8か月間ほど）で完了。

Der Führer eröffnete die 7. Automobilausstellung im nationalsozialistischen Deutschland. Neben dem Führer zwei KdF.-Wagen, die damit aller Welt zeigten, daß der Sozialismus im Reich Adolf Hitlers Zug um Zug verwirklicht wird

Der KdF.-Wagen, die Sensation der Automobilausstellung

Ob im Gebirge, ob in den Fabriken oder auf der Automobilausstellung, überall steht der KdF.-Wagen im Mittelpunkt des Interesse

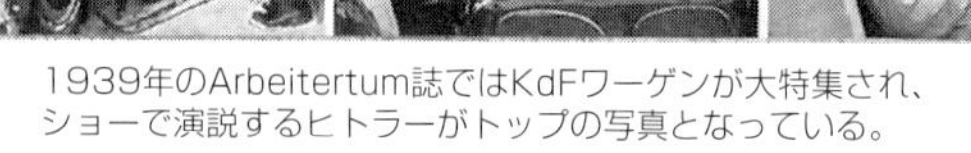

1939年のArbeitertum誌ではKdFワーゲンが大特集され、ショーで演説するヒトラーがトップの写真となっている。

③VW60シリーズ、30台。二度目の〈VW30シリーズ〉。ボディはロイター社により1937年末には着手され、1938年10月には走行テスト完了（SSの隊員1,300名ほどによる）。

④VW38シリーズ、50台。1939年7月までに50台が完成（SSの隊員が1939年8月初めまで走行テスト）。

〈VW〉の技術的データの比較を次に掲げる。ポルシェの設計原案と〈VW38〉のデータ、つまり〈KdFワーゲン〉のデータをここで挙げておく。

①設計原案；エンジンは3種類（最初の計画では2種類）、空冷水平対

向4サイクル4気筒OHVリアエンジン配置＋星型2サイクル3気筒＋直立2気筒、排気量は1,250ccおよび1,000cc、最高出力は26hp/3,500rpm、シャシー・ボディは中央バックボーンフレーム、鋼製ボディ、トーションバー全輪独立懸架、ホイールベース2,500mm、全長4,200mm（ただしKdFの数値）、トレッド1,200mm、車重650kg、最高速度100km/h、ガソリン消費量リッター当たり12.5km、座席数は4。

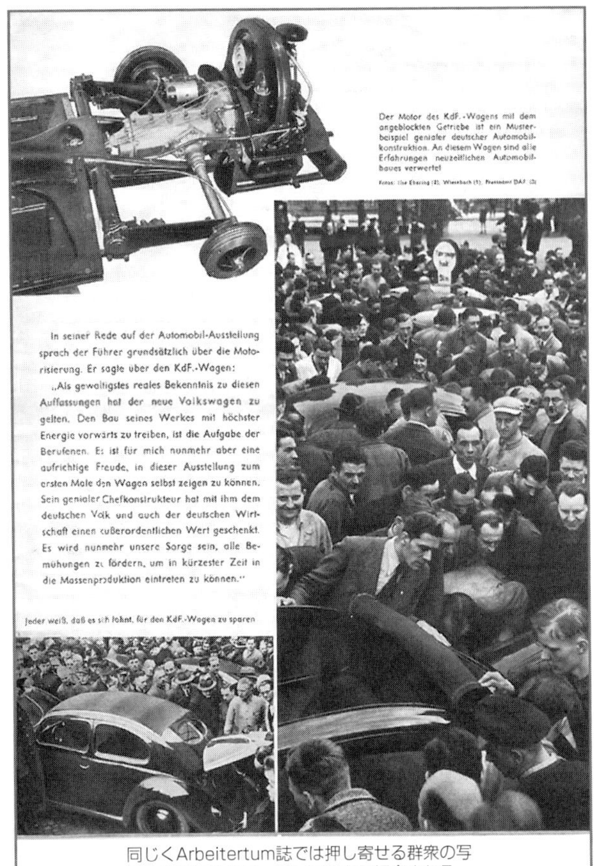

Der Motor des KdF.-Wagens mit dem angeblockten Getriebe ist ein Musterbeispiel genialer deutscher Automobilkonstruktion. An diesem Wagen sind alle Erfahrungen neuzeitlichen Automobilbaues verwertet

Fotos: Ilse Ebering (2), Wiesebach (1), Pressebild DAF (3)

In seiner Rede auf der Automobil-Ausstellung sprach der Führer grundsätzlich über die Motorisierung. Er sagte über den KdF.-Wagen:

„Als gewaltigstes reales Bekenntnis zu diesen Auffassungen hat der neue Volkswagen zu gelten. Den Bau seines Werkes mit höchster Energie vorwärts zu treiben, ist die Aufgabe der Berufenen. Es ist für mich nunmehr aber eine aufrichtige Freude, in dieser Ausstellung zum ersten Male den Wagen selbst zeigen zu können. Sein genialer Chefkonstrukteur hat mit ihm dem deutschen Volk und auch der deutschen Wirtschaft einen außerordentlichen Wert geschenkt. Es wird nunmehr unsere Sorge sein, alle Bemühungen zu fördern, um in kürzester Zeit in die Massenproduktion eintreten zu können.“

Jeder weiß, daß es sich lohnt, für den KdF.-Wagen zu sparen

同じくArbeitertum誌では押し寄せる群衆の写真とともにKdFワーゲンのメカも紹介される。

②KdFワーゲン＝VW38；エンジンは空冷・水平対向・4サイクル4気筒・OHV・リアエンジン、排気量は985（986）cc、出力23.5hp/3,000rpm、ホイールベース2,400mm、トレッド前輪1,290mm・後輪1,250mm、全長4,200mm、全高1,550mm、全幅1,550mm、最低地上高215mm、重量750kg、最高速度100km/h、燃料消費リッター当たり15.4km、タイヤは人造ゴム「ブナ」製、車体形式リムジーン及びカブリオレ、乗車定数大人4人＋子供1人＋荷物50kg、価格リムジーン990ライヒスマルク、カブリオレ1,050ライヒスマルク。シャシー・ボディは同じ。

註

1）以下の記述は、工藤章『現代ドイツ化学企業史-IGファルベンの成立・展開・解体』（ミネルヴァ書房、1999）による。IG-Farbenは1925年12月9日、染料企業8社、1）バイエル（合成ゴム）、2）バーデン・アニリン・ソーダ・ファブリーク（BASF：肥料・爆薬）、3）ヘキスト（アセチレン・合成酢酸）、4）アグファ、5）カレ、6）ヴァイラー・テル・メール、7）グリースハイム・エレクトロン、8）レオポルト・

カッセラの完全合同(トラスト)(ただし利益共同体Interessen Gemeinschaft、つまりIGの呼称はそのまま残したことで、IGファルベンと略称される)によって成立した。世界の化学産業はICI(英Imperial Chemical Industris)・デュ・ポン(米)・IG-Farbenによって三分されることになった。
2)最新の学説(モムゼン他、1996年刊)として、モムゼンはポルシェの入党・入隊について次のように述べている。すなわち「ポルシェは1937年の初めにNSDAPに入党したが、ポルシェは強制的に配属されたSSの身分を全く無視した(ポルシェがSS隊員であることは、確かに1944年のSS隊員名簿で触れているが、しかしながら隊員番号が与えられていない。ポルシェは実際、ベルリン・ドキュメント・センター(BDC)の文書内での、語り伝えられている添付文書に見られるように、所定の質問用紙に記入して、送付したのである)。したがってポルシェは、ナチ党の高官たちの仲間のなかでも、常に平服を着て、宣伝的自己演出のスタイルを取らなかった。ナチスが政権をとった時点において、ポルシェはすでに自動車設計者として堂々たる経歴・成果を回顧することができたからである(S 71)」。このようにモムゼンはポルシェのSS入隊説を肯定している。しかしまた、「ポルシェは、常に平服をまとい、ヒムラーによって授けられたSSの身分を認めることを拒んだ(S 906)」とも述べている。

ハインリヒ・ヒムラー(1900～1945年5月、青酸カリ自殺)はこの時「親衛隊(SS)全国指導者兼全ドイツ警察長官」であったから、ヒムラーの名前でSSの身分が与えられるのは当然であるが、ポルシェは自分がSSであることを知っていて、なおかつ常に平服を着てSSであることを認めなかったとモムゼンは言う。即ちポルシェはヒムラーによって強制的に配属されたSSの身分を全く無視した。何故なら「ポルシェはすでに自動車設計者として堂々たる経歴・成果」があったからだと(これについては後述)。

ポルシェ入党・入隊の客観的証拠として、モムゼンは二つの証拠を挙げている。一つは「ベルリン・ドキュメント・センター」に残っているポルシェ直筆の、1937年10月に提出されている「入隊出願書」である。このBDCには1,070万人余のナチ党員の記録、6万余名のSSの個人記録が収められており、この中にSS人事本部のファイルしたポルシェの個人資料があるようだ。モムゼンの挙げるもう一つは、「1944年のSSの隊員名簿」で、これでポルシェが隊員であったことが判明するという。なおこの「SS隊員名簿」に関しては、ベルリンのBDCにわざわざ行かなくても、「WikipediaのList of SS personnel」で検索することでその隊員名簿に、即、到達できる。ヒトラーから始まるこの名簿の、少し後方のSS Officers、そのOberführer (准将)の41番目にFerdinand Porscheがあり、戦車・飛行機・ロケットの開発に貢献したとあり、党員番号は5643287、SS隊員番号はない。なおこのwiki版名簿の縮小判に "SS Personnel" (Hephaestus Books) があり、ポルシェの項(13頁)では業績の説明がなく、このSS隊員名簿が (pre-1942)つまり「1942年以前」、即ち最新情報が1942年時点のものであることが判る。以上の資料から判明するポルシェに関する客観的事実は、ポルシェはヒムラーによって、1937年に強制的に入党させられ、党員番号5643287が与えられ、かつ1942時点までにはSS名簿に記載され、本人にも通告があったと思われる。なおこの党員名簿を見ると、隊員・党員番号あり、党員番号のみ、隊員番号のみ、隊員・党員番号なしの四範疇に分かれる。両番号を持つものが圧倒的に多いが、どちらの番号なしもかなり散見するし、党員番号のみ、隊員番号のみもおり、SS隊員は極めて多様と言えそうだ。

しかし前記モムゼンの見解については幾つかの疑問が生ずる。一つは、1937年10月にポルシェが返送した「入隊出願書」が、なぜ遡って1937年5月1日入党とされたのだろうか。ヒムラーの考えとポルシェの状況から次のように考えられる。まず1937年5月28日は、「VW大量生産のための設立準備会社」に「ポルシェ・ヴェルリーン・ラフェレンツ」の三人が取締役に就任する日である。ヴェルリーン、ラフェレンツは党員・隊員(共に両認識番号を持つ)であるがポルシェのみ一般人である。ヒムラーがこの恐るべき事実に気が付いたのは、何と就任式がとっくに終わった10月であった。この時ポルシェは、フォード社の大量生産工場を視察して帰国したばかりで(88頁以下参照)、大量生産を可能にする新工場の設計に全力を投入しているときである。そこにヒムラーから「入隊出願書類」が届く。ヒムラーにしてみればドイツ労働戦線(DAF)、歓喜力行団(KdF)の組織下に立つこの新会社の役員は当然、党員・隊員で無ければならぬと確信している。ポルシェが党に入っていなければ断固、入党させねばならぬ。他方ポルシェにしてみれば、眼前の新工場の設計の方が遥かに重要である。入党問題なんて全く些末でとるに足らぬ。ポルシェは出願書類にさっさと記入し送付して終わりである。他方受け取ったヒムラーは、(杜撰な処理ではあるが)信念に従ってポルシェの入党を取締役就任以前の切りの良い5月1日に遡及させた。

ポルシェのSS入隊については管見の範囲ではあるが、良い資料がないようである。モムゼンは1944年のSS隊員名簿を見てポルシェのSS入隊を1944年と見ており、かつ「ポルシェは、常に平服をまとい、ヒムラーによって授けられたSSの身分を認めることを拒んだ」という。しかしここで既に示した「pre1942」では、少なくとも1942年時点で、ポルシェはヒムラー得意の「杜撰な処理」でSS隊員名簿に載せられている。もちろんポルシェ本人には通知があったろうが、ポルシェにしてみれば、そんなことはどうでもよいことだ。つまり「自分が党員やSS隊員にさせられてしまったこと」など完全に念頭にも意識にもなくなっていることに留意しよう。ポルシェは「無政治的人間」の典型例なのであり、従ってモムゼンが「平服を常にまとってSSであることを拒んだ」というのは、ポルシェの性格から考えると恐らく無理な想定だろう。

なおポルシェ入党・入隊問題については、三石『ナチス時代の国内亡命者とアルカディアー：抵抗者たちの桃源郷』(明石書店、2013)の「第五章F・ポルシェ—工学のアルカディアーと技術のユートピア」を参照されたい。

3)ホップフィンガーのいう〈Series30〉や〈Series60〉は、「最初の30台」と「2組目の30台」を合わせた生産台数の数字のようであって、ポルシェ事務所の設計番号「60」を示すものではない。「ポルシェ事務所で〈60型〉、対外的には〈VW38〉と名づけられた」(伝記76頁)とあるから、ポルシェ設計事務所番号「60型」には、①最初の3台、②最初の30台、③2度目の30台に次いで、④〈VW38〉、の4タイプが含まれ、「最終的な型」〈VW38〉が新たに50台つくられたのである。

4)スロニガーは「この年(1937年)の末にボディ工場のロイターが30台の注文を受けた。ポルシェタイプ60、すなわちVW38である」と述べている。つまり、フェリーの自伝・ポルシェの伝記作家・ホップフィンガーがロイター社の「2度目の30台」と呼んでいるものを、スロニガーは「〈ポルシェ60型〉すなわち〈VW38〉」といっている。

〈VW38〉は、確かに「ポルシェ60型」(設計番号60)ではあるが、「2度目の30台」ではなく、「2度目の30台」が終わった後の、伝記のいう「最終的な型」をいう。スロニガーの巻末のリスト(ポルシェデザイン車の一覧表)には、60型に「VW3＋VW30＋VW38」の3タイプをあげているが、実は、60型は「VW3＋VW30＋VW30＋VW38」の4タイプがある。スロニガーのリストには、「2度目の30台」が抜け落ちており、「2度目の30台」を〈VW38〉と見ているわけである。つまりスロニガーは「2度目の30台」は〈VW38〉と思い込んでいるのだが、そのため間接的に「2度目の30台」の完成時期を示してくれたと考えられる。すなわち「2度目の30台」は、ボディが1937年12月末にロイター社に発注され、走行テストが行われ、そのテストは1938年10月12日には終了し、そして次のシリーズ〈VW38〉(スロニガーのいう〈VW39〉)に移行していると理解される。結論としていえば、読み替えられたスロニガーの文章は、「(1938年)10月12日に、2度目の30台に続いて、VW38をつくるという決定が下され、1939年7月までに50台がつくられることになった」となる。

# 第6章 アウトバーンの建設

## ナチス期(3) Autobahn＋Fritz・Todt

「速度の美」を可能にする自動車専用道路・アウトバーンは、一体、いかなる設計理念に導かれて、建設されたのであろうか。次の文章は、アウトバーンの、ある区間を取り上げて、その設計思想を具体的に見事に描き出している。

「ドイツの景観は、建設される道路によって破壊されてはならず、むしろこの道路を不可欠の一部とすることによって、今にもまして崇高なものとならなければならなかった。直線よりも柔らかな曲線が、トンネルを穿つことよりも、見晴らしのよい眺望を提供することが求められた。ミュンヘン～ザルツブルク間のイルシェンベルクはこのような方針にかなった好例と言えるだろう。地形の点から見ても必ずしも必要とは思えないのに、道路は山腹をどこまでも昇り続ける。それはあたかも、美しい丘の連なりや、聳え立つ岸壁を背にした玉葱のような形の教会の塔を一望のもとに眺めるための配慮のように見える。二点を最短距離によってではなく、最も優雅な形で結びつけること、これが道路設計に当たってのモットーだった」

自然の地形に沿い美しくカーブするアウトバーン。バイエルン近くの建設前の完成予想図。

この一文から、景観・自然の保存、なだらかな登り勾配の厳格な保持、道路開通によるさらに見事な景観の出現、といったアウトバーン設計の基本姿勢がよく見てとれる。しかしながら、この文章はヒトラー政権下の御用作家のものではない。現代ドイツの鋭い社会批判の著書をもつ気鋭の学者、ヴォルフガング・ザックス『自動車への愛』(1995)の中の一節である。

ミュンヘン〜ザルツブルク間のローゼンハイムの手前にイルシェンベルクがある。A8号線のこの緩やかな登りの果てに、突如、玉葱然とした教会とアルプスの見事なパノラマが展開するようにと行き届いた配慮で、この道路が設計されているのである。

ザックスの文中に言う「玉葱のような形をした教会の塔」とは、ヴィルパルティッヒ村のヴァルファールツ教会であろう。高い塔と低い塔の二つがあって、どちらも尖塔の部分が玉葱形をしている。背景の山並みは、独墺国境を形成するドイツ・アルプスである。

## ■ワイマール期のアウトバーン建設

「アウトバーン(Autobahn)」は、「鉄道(Eisenbahn:アイゼンバーン)」をもとに1929年に新しくつくられた言葉で、ドイツの「高速自動車専用道路」のことである。辞典は「分離された直進する車道を持ち、交差することなく走行される高速交通道路」と定義している。自動車専用道路の考えは、ワイマール時代に具体的に動き出す[1)]。

①1913〜21年「Avus in Berlin」の建設。「アーフス(Avus)」とは「自動車交通試走路(Automobile Verkehrs-und Übungs-Strasse)」の略語で、ベルリン西北につくられた、直線片道9kmの最初の純粋な自動車専用道路である。

②1928〜32年、最初のヨーロッパ・アウトバーン(ケルン〜ボン)間の建設。1926年11月6日、ドイツの「道路建設商会」は、「Hamburg-Frankfurt a.M.-Basel 間自動車高速交通道路建設協会」(略称「ハフラバ:HaFraBa」)なる組織を立ち上げた[2)]。

1929年5月31日には、「ハンザ諸都市(Hansestädte)〜フランクフルト〜バーゼル間自動車道路準備協会」と改称して、将来はイタリアのジェノヴァに至るヨーロッパ横断の有料(車1台運転者1人、1kmごとに1ペニッヒ)自動車専用道路を計画していた。

理想の高速自動車専用道を求めてさまざまなイメージスケッチが描かれている。

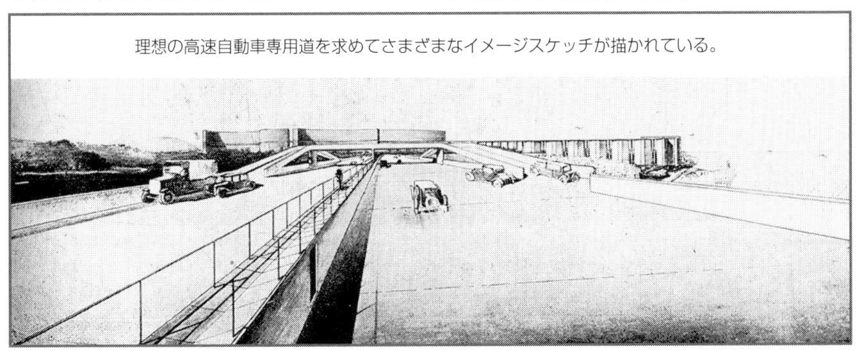

1928年から32年にかけてケルン〜ボン間が完成(32年5月19日)した。この頃、この自動車専用道路の建設の推進役となったのは自動車産業界、建設業界、セメント業界が中心で、すでにドイツ全土を覆う道路網の計画が立てられていた。

ワイマール時代に造られたアウトバーンにかかるハフラバの立体交差部。

ワイマール時代のアウトバーン建設は、アーフスの9km、ケルン〜ボン間の35km、全長44kmに過ぎなかった。この時代に自動車専用道路の建設が進まなかった要因として、第1にドイツではすでに鉄道網が十分張り巡らされていたこと、さらに自動車そのものがまだ少なく、自動車を購入できる中産階級も未発達であったこと、財政的に困難であり、無理して自動車専用道路を建設する必要がないと考えられたことなどがあげられる。また、政府の強力な指導力も欠如していた。そこに1933年1月30日、ヒトラー政権が登場する。

## ■アウトバーン7,000km建設構想の発表(1933年5月)

ヒトラーは、ワイマール期の政治家たちの一般的見解とは逆の発想をした。彼は、低所得層の労働者が、自動車を使って、休日には一家そろってピクニックに、何時でもどこへでも気軽に行けるようになるべきであると考えた。移動の手段として、鉄道に代わる自動車を考えた場合、既存の道路では十分な速度が出せないし悪路が多かったから、時速100kmで走れる自動車の専用道路をつくるべきであると考えた。

また、自動車そのものが少なければ、アメリカのフォードに倣った大量生産を行えば良いではないか。上流階級の奢侈品としてではなくて、低所得の一般ドイツ国民こそ、実用品としての自動車を所有すべきであり、これらの政策を政府が主導しようとした。強力な指導権は自分にあるとして、ヒトラーは、ベルリン自動車ショーに臨む。

ヒトラーは、政権を獲得して12日後の1933年2月11日、「自動車ショー」の開会式で、「モータリゼーションへの意思」を語り、自動車専用道路の建設を約束した。道路建設計画に関して、ヘルマン・シュライバー『道の文化史』によれば、直ちに二つの計画書が新首相に提出された。一つはザーガー・ヴェルナー社の技術長フリッツ・トットの「ミュンヘン〜キーム湖間」の高速自動車道計画であり、もう一つは、ハフラバ協会会

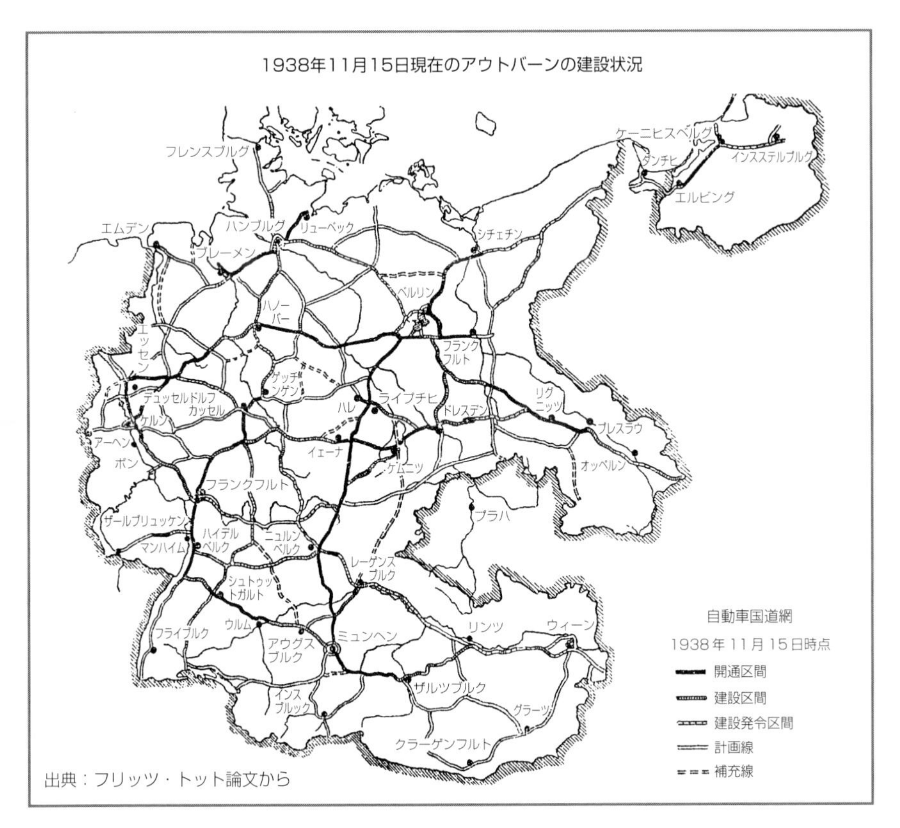


1938年11月15日現在のアウトバーンの建設状況

出典：フリッツ・トット論文から

長ヴィリー・ホーフの「ハフラバ計画」である。

1933年4月6日、ヒトラーはホーフと会談し、資金難で頓挫していた、同協会のヨーロッパ横断高速自動車道路「ハンザ諸都市～フランクフルト～バーゼル」間の計画をドイツ国家が引き継ぐこと、同協会にその実現のため全ドイツを覆う高速道路網の再調査および計画の練り直しを命じた。

その1か月ほどあとの1933年5月1日、ヒトラーは国民労働記念日（メーデーのナチ版である）を祝ってベルリン市内のテンペルホーフ飛行場にて演説し、全長7,000kmにおよぶ「帝国アウトバーン」建設計画を発表した3)。

「ここに私は、帝国アウトバーン建設計画を立てた。私は、この計画を後人の手に委ぬることを潔しとしない。あくまで、私の手によりこれを実現する。これは経費数十億を要する厖大な事業であるが、私はその進路において、あらゆる障害を排除し、敢然としてこの事業に着手するであろう」

1933年6月27日、「帝国アウトバーン会社の設立に関する法律」が公布され、その3日後の6月30日には、フリッツ・トットが「ドイツ道路総監」に任命された。帝国アウトバーン会社は、ドイツ国有鉄道の子会社として創立された。

ヒトラー構想の中での最大の鍵は、したがって、①道路建設、②安くて堅牢な国民車・フォルクス・ワーゲンの設計、③大量生産を可能にする設備を備えた新工場の建設である。

①道路建設についてはフリッツ・トットに、②クルマの開発はフェルディナント・ポルシェに、③新自動車工業都市の設計・建設は、後に触れるが、ペーター・コラー（1907～96）に任せることにしたのである。これにより、コラーは現在のヴォルフスブルク市の設計者として活躍する。

## ■フリッツ・トットとアウトバーン建設

フリッツ・トットはドイツ南部、シュヴァルツヴァルトの端にあるプフォルツハイムで1891年9月4日に生まれた。父親は装身具製造の小さな工場主。カールスルーエとミュンヘンで土木工学を学ぶ。第一次世界大戦に参加。1920年に大学を卒業してミュンヘンの土木建築会社ザーガー・ヴェルナーに就職した。1921年エルスベス・クラマーと結婚、1922年1月5日夫婦揃ってナチ党に入党し、突撃隊SAに配属された。

1925年にはザーガー・ヴェルナーの新設子会社である「道路建設会社」の技術長兼業務管理者となった。1931年にはミュンヘン工科大学から工学博士の学位を得ている。博士論文は『タールとアスファルトによる路面舗装の欠陥原因』である。

1933年2月11日のベルリン自動車ショーでのヒトラー演説のあと、ルドルフ・ヘスは「トットの意見書」をヒトラー首相に提出した。トットはヒトラーの好みを熟知しており、ヒトラー山荘のあるベルヒテスガーデンに通ずる「ミュンヘン～キーム湖」間の自動車専用道計画を描きあげていた。ヒトラーはこれに注目し、1933年6月30日トットはドイツ道路総監に任命されることになる。一建設会社の一介の技術長が7年間で帝国の大臣にまで昇進する発端となった。

当時のアウトバーンの建設風景。

トット道路総監の下でアウトバーンの建設が始められ、1935年106km、36年979km、37年923km、38年

1,036km、39年255km、40年436km、41年90km、42年34km、43年35km、総延長3,896kmとなった。トット没後の1942年2月以降も少しだけ建設されている。

1938年5月「トット機関」(土木・軍事工学集団)がつくられ、50万人におよぶ人員を動員して、1939年にはフランスの「マジノ線」に対抗する全長630kmにおよぶ「ジークフリート線」を建設した。

1938年8月10日には、ポルシェ、メッサーシュミット、ハインケルとともに、トットはドイツ国家賞を受けている。1940年3月17日には兵器弾薬相に任じられ、1941年にはフランス・オランダ・ベルギーの海岸線に、英国軍の侵入を防ぐ「Atlantic wall」を建造した。そして、大戦中ヒトラーの総司令部が置かれていたラステンブルクにてヒトラーとの会談を終え、1942年2月8日飛行機が離陸した途端、爆破して死亡したのである。

トットの死はヒトラーに大きな衝撃を与えた。1942年2月12日、総理府でトットの国葬が行われた。

## ■アウトバーン建設の鍬入れ式(1933年9月)

・新任の道路総監フリッツ・トットは「民族社会主義国家の道路政策」という論文で、この鍬入れ式を次のように記している。

> 「1933年9月23日、総統はフランクフルト・アム・マインの郊外に、労働者700人の先頭に立って最初の鍬入れ式を行い、これより帝国アウトバーン建設の偉大なる事業を開始した。(中略)数年ならずして、この大事業は私の奉仕と勤勉と能力と決意とを証明するであろう。ドイツ労働者よ、事業につけ！」

・ヴォルフガング・ザックスは、同じこの鍬入れ式を、もう少し詳細に、次のように描写している。

> 「ヒトラーはぴかぴかに磨き込まれた長靴を履いて盛り土に歩み寄り、憑かれたようにシャベルを振るい始めた。ドイツがかつて体験したことがなかったほど大規模なこの建設計画の鍬入れ式は、その演出において完璧だった」「それは単なる象徴的な鍬入れ式ではなく、真に労働という名に値するものだった」ナチス親衛隊の機関紙『道』はこのように伝え、総統の前髪からしたたり落ちる「この工事で初めて流された汗のしずく」について報じている。ドイツ中のラジオ受信機からヒトラーの叫び声が響いた。「さあ始めよう！ ドイツの労働者よ、仕事に就け！ この合図によって、一年も経たないうちに9万人の労働者と技術者がドイツの土を掘り返し始めた」

・1933年11月30日、「ドイツ道路総監に関する法律」が発布された。道路総監は、総統に直属する最高官庁で、今後、帝国アウトバーン会社と国道の建設維持に関する実務

ナチス統治下で完成した帝国アウトバーンの丘陵部。中央の緑地帯が、一般的な高速道路より広い。

のちの平地部の片側2車線のアウトバーン。中央分離帯や両側に2mの側道が付くなど帝国時代の仕様の影響が残されている。

をすべて担当する。

1935年5月19日、最初の起工から1年8か月ほど後、まずフランクフルト〜ダルムシュタット間(22km)の道路が完成・開放された。次いで1935年6月29日にはミュンヘン〜ホルツキルヘン間(25km)が、3番目に1935年10月3日にはダルムシュタット〜マンハイム〜ハイデルベルク間(61km)が、さらに1936年1月11日にはライプチヒ〜ハレ間(26.5km)など多数の区間が完成し、一般に開放された。

1936年9月27日、ヒトラーは下シレジアにおいて、1,000kmのアウトバーンの開通式を行った。

ここでヒトラーは「今日、私は1,000kmの開通式を挙行し、その通行を許可する。この道路建設は、ドイツ国民に対し、将来にわたって永久に交通の方法を付与するものである。(中略)今日1,000kmは完成し終わった。さらに1,000kmが目下建設中であり、なお1,000km以上がすでに工事着手の許可を受ける時期に至っている」。

1937年12月17日には2,000kmの開通式が、1938年12月15日には3,000kmの開通式が行われた。

1938年4月2日、オーストリア併合のほぼ1か月後、ヒトラーはオーストリアで帝国アウトバーンの鍬入れ式を行って、次のようにその政治的意義を言明した。「全ドイツはこれにより、新しい紐帯を保持することになった。世界の人々は、このような力強い事業を建設し遂行し得る国民と国家は、決して屈服しないことを知るべきである」と。

## ■ミュンヘン～ザルツブルク間、第2の鍬入れ式(1934年3月)

ナチス期にあっては、「ミュンヘン～ザルツブルク(123km)」間は、ヒトラーの大本営「山荘ベルクホフ」のあるベルヒテスガーデンの町に通ずる道路として重要な意味を持っていた。この区間は、首都ベルリンから一路南下、ナチス党大会の行われるニュルンベルクを経てミュンヘンに至るアウトバーン(522.3km。1938年11月5日開通)に接続して、直接「山荘」に向かう道だからである。

1933年2月11日、ベルリン自動車ショーでヒトラーが自動車道路の建設を約束したあと、1933年2月中旬、フリッツ・トットはヒトラー「山荘」に通ずる「ミュンヘン～キーム湖間」のアウトバーン建設計画を進言してヒトラーを喜ばせ、ヒトラー自身もトットとともにこのコースの検討に参画して、1933年8月24日にはルートが確定した[4)]。

「ミュンヘン～ザルツブルク間」アウトバーンの建設工事の開始は、ヒトラーの大いに気に入っている「山荘」への道路建設として、民族(国民)啓蒙・宣伝相ゲッベルスの采配のもとで、大々的に宣伝されることになった。1934年3月21日この区間の工事が、ミュンヘン郊外のウンターハキッヒから始められるが、その鍬入れ式を合図に、この日一斉にドイツ全土の22のアウトバーン工区でも、工事が開始されたと、ゲッベルスは宣伝した。このミュンヘン～ザルツブルク間の区間の工事は、特に完成が急がれたようである。

①1935年6月29日、ミュンヘン～ホルツキルヘン間の開通、25km。

②1936年1月11日、ホルツキルヘン～ヴァイアルン間の開通、7km。この区間内にマンクファル峡谷をまたぐ巨大な鋼橋が架けられた。

③1936年5月24日、ヴァイアルン～ローゼンハイム間の開通、33km。この区間内にドイツ・アルプスを一望できるイルシェンベルクがある。

④1936年8月17日、ローゼンハイム～ジークスドルフ間の35kmの開通。この区間内に景勝の地キーム湖がある。

ゆるやかに起伏するアウトバーン。

⑤1938年11月15日までにミュンヘン～ザルツブルク間の123kmが完成、39年3月末までにはミュンヘン～バート・ライヒェンハル間の124.1km（ザルツブルクの手前で分岐）が完成している。この区間は、著名な温泉地バート・ライヒェンハルを終点とし、ヒトラーの大本営「山荘」と「ケールシュタインハウス」（1939年着工。のちの「鷹の巣」）とがあるベルヒテスガーデンの町に通ずる。

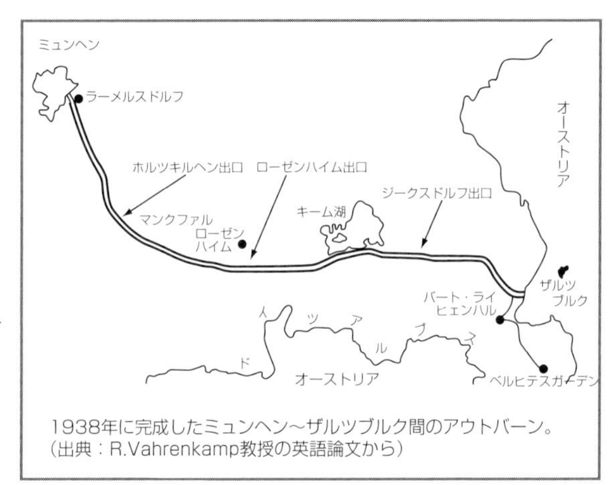

1938年に完成したミュンヘン～ザルツブルク間のアウトバーン。
（出典：R.Vahrenkamp教授の英語論文から）

## ■フリッツ・トットのアウトバーン構想と建設工事

フリッツ・トット自身の書いた「民族社会主義国家の道路政策」という長文の論文があり、すでに引用したトットの文は、この論文[5]からのものである。以下、アウトバーンに関する部分を中心に、(1)から(5)まで5項目を設定して、これを要約することにしよう。ただし記述は、この論文が脱稿した1938年11月半ばまでのことである。

### (1)道路の分類

トット道路総監は、ドイツの道路を帝国アウトバーネン（アウトバーン）、帝国シュトラーセン（一般国道）、一級ラント・シュトラーセン（一級地方道）、二級ラント・シュトラーセン（二級地方道）の4種類に分けた。一般国道（4万1,554km。1938年3月31日現在）は、各州を貫き長区間にわたり地方通過交通に主要なる使命を有する道路で、アウトバーンとともに緊密な道路網を形成する。一級地方道（8万4,083km。同上）は、幾分重要性の少ない路線であり、州（プロシャ以外）または県（プロシャ）の区域内にある。この道路の一端は一般国道またはアウトバーン、もしくは他の一級地方道と連絡するものである。二級地方道（8万7,757km。同上）とは、上記以外のすべての道路、すなわち町村から町村への交通に供せられるものをいう。

### (2)帝国アウトバーンの建設目的

第1の目的は、失業対策事業である。1933年の初めには600万人以上の失業者がいた。一つは自動車産業（経済）の活性化と、一つは道路建設計画とによって、これを救済することである。帝国アウトバーンの現場に直接働く人数は、1933年末にはわずか1,000人以下であったが、1937年には10万1,000人に、1938年には12万人に達した。この他に、アウトバーンと連結する国道と地方道改良のために、直接間接に10万人が雇用された。1936年には、ドイツの武装化により、すでに失業問題よりも熟練労働者の不足が明らかになった。

第2の目的は、文化政策上の問題である。トット道路総監によれば「古代ローマの道路、ナポレオンの道路、支那帝国の道路、インカの道路」のように「われわれは最良の道路のみが永久の価値を有し、かかる道路のみが大帝国の偉大なる文化の担当者として歴史的に価値付けられるということを知りうるのである」。「道路によってもまた、ドイツをより美しくしなくてはならぬ。われわれの道路は永遠に存在し、今後数百年ドイツ国民の生活と宿命的に結合するものであり、アドルフ・ヒトラーの名は、道路に新時代の表現を与えた」のである。

第3の目的は、新たな文化価値の創造である。「技術家は、その仕事を全く国民文化への奉仕に置き、かくてその工事は風景と土地とを保存して残すよう、その仕事を自然界に適応せしめ、かつこれによって更に新たなる文化価値が生まれ得るよう、その

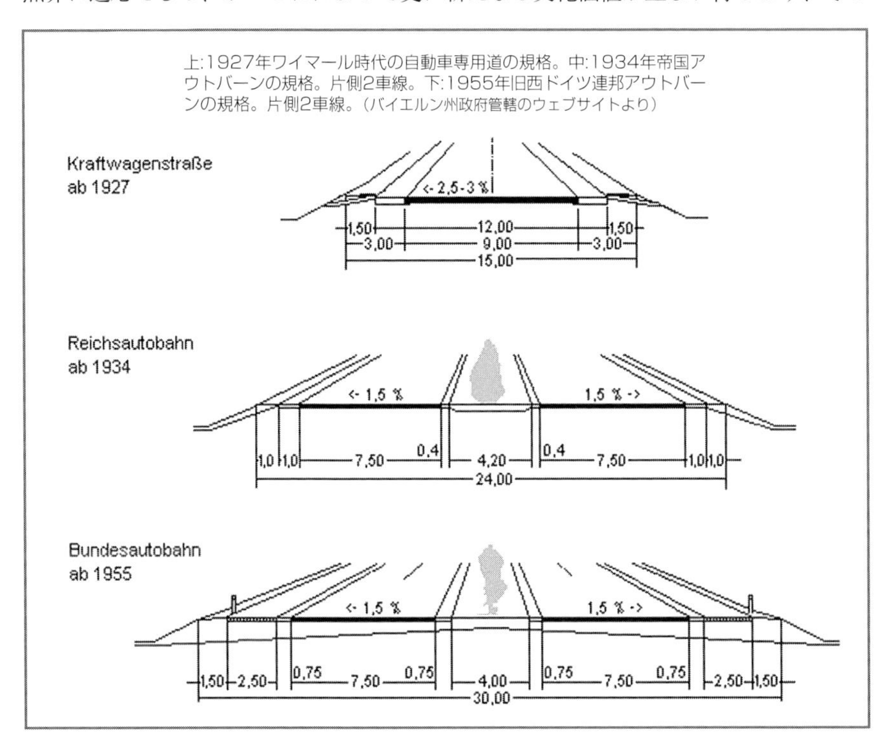

上:1927年ワイマール時代の自動車専用道の規格。中:1934年帝国アウトバーンの規格。片側2車線。下:1955年旧西ドイツ連邦アウトバーンの規格。片側2車線。(バイエルン州政府管轄のウェブサイトより)

構造を設計し、計画する義務を有するものである」。そのため、トットは、道路技術家に「建設の指導理念と職業的責任意識」とをしっかと持たせるべく、1936年には、プラーセンブルクにおいて「教育講習」という新制度を導入して、かれらの受講を義務付けたのみならず、道路建設に当たっては、鉄筋コンクリートやコンクリートのほかに、天然石材を「完全に、広範囲に、採用」6)した。

## (3)帝国アウトバーンの建設組織の法的根拠

1933年6月27日の「帝国アウトバーン会社の設立に関する法律」により、帝国アウトバーンの路線網の建設と経営との両事業を、ドイツ国有鉄道に委任した。帝国アウトバーン会社には土地収用権が与えられた。

1933年8月7日、「帝国アウトバーン会社の組織に関する法令」7)が発布された(同社の設立は1933年8月25日)。

1933年11月30日の法令で、ドイツ道路総監は帝国アウトバーンと地方道路網の設定に関する国家の最高機関となる(1935年1月23日の法令で政府の監督権を全て道路総監に委譲)。

1935年5月14日、「帝国アウトバーン経営および交通に関する暫定規則」を発布し、帝国アウトバーンの使用は自動車のみに限ること、道路の右半分は追越禁止とすること、車道上における回転を禁止すること、帝国アウトバーンの交通警察は、交通警察とその機関が執行することなどを規定した。

1936年5月14日、「森林地帯保護法」が制定され、帝国アウトバーンに沿う深さ40mまでの森林は、帝国アウトバーン会社と森林監督署の命令により管理される。この法は、森林を打開する結果から生ずる損害(過度の日射・痩せ細り・風害など)を受けないように隣接の森林を保護し、同時に風景美を保存するためである。

1938年6月1日、「帝国アウトバーン関係新規法律」などにより、理事会の会長はドイツ道路総監が当たり、各委員は好意的忠告を与えるだけとなった(道路総監の独裁!)。

1938年7月25日、「アウトバーン法　第三次改正令」により、帝国アウトバーンの両側から100m以内にある構造物は、総監の承諾を得て初めて設立されるか、または本質的な変更が命ぜられた。この法令は、アウトバーン上の交通安全はもとより、風景を傷つけることのないように保護するに与って力あった。

## (4)帝国アウトバーンの構造・付属施設

1938年11月15日現在で、2,640kmがすでに開通し、1938年12月31日までには3,062kmが開通することになっていた。

①道路線形の規格：帝国アウトバーン建設に際し、地況と住宅密度を勘案して以下の3種の「設計等級（構造等級）」（クロソイド曲線＝緩和曲線の挿入である）に分けられた。
一級設計等級：大なる障害なき平地。最小曲率半径1,800～2,000m、許容勾配4％。
二級設計等級：丘陵多き地方。最小曲率半径800～1,000m。許容勾配、6％。
三級設計等級：山岳地帯。最小曲率半径600m。許容勾配8％。

この構造等級の変化は、運転者が「一見して判断」できるように明示される必要がある。

②横断形状：帝国アウトバーンの横断形状は、片側往路、幅3.75mのものが2車線（固有車線と追越車線）、中央の緑地帯の幅は5mである。片側復路、同じく3.75mのものが2車線、車道の外側にそれぞれ2mの側道がある。道路の深さ（厚さ）は盛土・切取の場合も1mである。したがって、帝国アウトバーンの標準幅員は、2＋3.75＋3.75＋5＋3.75＋3.75＋2＝24m、深さ1mとなる。この標準幅員は、橋梁架設費・土地買収費・住宅密度・地況など、特別の事情があれば、縮小される。また特別の地況と地価を考慮して、シュトゥットガルト～ウルム間のように、二つの車道を全く分離してつくることもある。

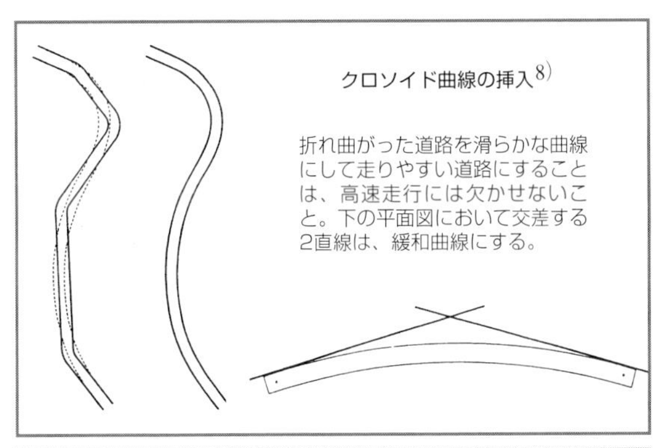

折れ曲がった道路を滑らかな曲線にして走りやすい道路にすることは、高速走行には欠かせないこと。下の平面図において交差する2直線は、緩和曲線にする。

クロソイド曲線の挿入[8)]

1930年代山中の帝国アウトバーンの休憩所。

③路線の接続・分岐および交差点、ガソリンスタンド、休憩所：これらは日本でも見られるもので、全く常識的なことであるが、この当時では極めて革命的なことであった。

## ⑸帝国アウトバーンの工法・舗装・橋梁・宿泊施設

①ハフラバによる予備調査：ワイマール期からあった「HaFraBa」は、1933年8月18日に「帝国アウトバーン建設準備会社（略称Gezuvor）」と改組され、7,000kmの自動車道路網

に関する予備調査と準備設計を行った。同社は、国内を11の区に分け、1933年から35年までにその予備調査と準備設計を完成し、1935年には「国土計画と空地整備の準備会社」として、国家の職務を負うことになった。

②土質と基礎工事：舗装と基礎路盤との支持強度に関しては、従来ほとんど全く注意されなかった。過去の道路構造の失敗の多くは、これを等閑に付したことが大いなる原因である。最近の土質力学を帝国アウトバーンおよび一般道路の建設に応用したのは、ドイツ道路総監が初めてである。

この分野はドイツ道路総監フリッツ・トットの専門領域である。トットは、帝国アウトバーン最高建設事務所の土質関係の部長や各州・県の最高建設事務所の専門家に対して、土質工学の理論およびその道路築造への応用の講習を行っている。ボーリング試験などの実施、築堤箇所の沈下を防ぐ路盤の圧縮方法、路盤の上層を砂利で置換する方法、沼沢地爆発法(軟弱地盤に盛り土をした後、爆薬で吹き飛ばす方法。従来の浚渫方法と比較して75%の節約となった)などの手法の講習である。

イェーナ～ゲラ間にある美しいアーチを持ったトイフェルス・タール橋の建設。

戦後新装されたトイフェルス・タール橋。アーチのイメージは残した。

③車道舗装：この分野もトット道路総監の専門分野である。これまでに完成したアウトバーンの91%はコンクリート、5%が黒色舗装(タール、アスファルトなど)、4%が小舗石舗装である。

コンクリートの厚さは、通常22cm、特に地盤が弱いところは25cmとする。その施工順序は、①施工基面を定める(基礎が粘土質の場合はまず砂の均し層をつくる)、②型枠を取り付ける、③材料運搬用の軌条を敷設する(横の境界でコンクリートを混合する)、④平らな版の下面を造るために均された地面に紙を敷きつめる、⑤コンクリートをミキサーか

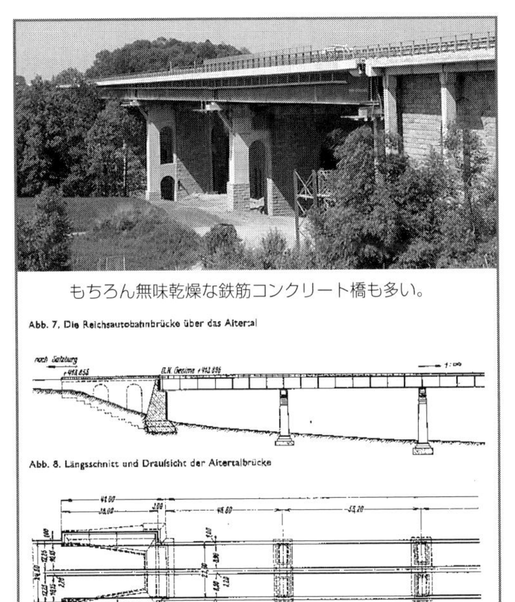
Abb. 7. Die Reichsautobahnbrücke über das Altertal
nach Salzburg
Abb. 8. Längsschnitt und Draufsicht der Altertalbrücke
もちろん無味乾燥な鉄筋コンクリート橋も多い。

ら配給車により運搬して舗設する、⑥電気あるいは内燃機関で動く機械が種々の方法で使用され(これら機械は路面の両端の処理やローラーでの転圧に用いられる)、⑦目地(継ぎ目)に注入材を充填する、⑧版を被覆して3ないし4週間湿養生する、⑨表面の凹凸を削り取る(4mに4cm以上の凹凸を許さない)、⑩最後に目地に瀝青材料を充填する。

延長1,000kmのコンクリート舗装に要する資材は、①丸鋼(鋼網用)5万2,000kg、②セメント107万トン、③砂利・砕石・砂などの骨材610万トンが必要である。また帝国アウトバーン1,000kmの建設に6～7億マルク必要である。

④橋梁：帝国アウトバーンの建設は、1938年12月31日(予定)で、3,062kmに達し、4,500か所の橋梁および暗渠を築造した。その築造理念は「構造の単純化・耐久性・環境に調和した美観」の3点である。深い谷を越す場合は鈑桁またはトラス構造の鋼橋(溶接技術が多用された)が用いられ、道路上の架橋には鉄筋コンクリートが用いられ表面を「石張り仕上げ」として快適感を与えた。また、風景的に他の構造ではどうしても調和しないようなところには、天然石材の橋梁とした。トットは複数例挙げているが、ここでは一例のみ挙げる。

・鋼橋：ケルン付近のライン河上の吊橋(全11か所挙げている)。
・溶接橋：ベルリン環状線東部切点のルーデスドルフ渓谷の橋(全2例)。
・鉄筋コンクリート橋：スタットローダー付近のテウフルス谷の橋(全8例)。
・天然石材の橋：イェーナ付近のザール河橋(全12例)。

⑤社会政策上の問題：「今日帝国アウトバーンに従事している人は十数万に達し、この十数万人は低廉な賃金でシャベルを手にするのみならず、毎日8時間、最も骨の折れる仕事に従事している」。道路総監トットは、統一的な賃金制度を定め、職種に応じてそれぞれ一定、均一の賃金定率を決めた。また能率手当(割増金制度)、距離手当(通勤料)、別居手当もきちんと導入した。また、労働局と厚生局を通じて作業靴、作

業衣の共同購入制度も設けた。さらに、労働者のための宿泊所(明るい清潔な寝室と居間、洗濯所、乾燥場、浴場)にも注意が払われ、一日の1/3の「自由時間制度」、夕食後の共同室には新聞・雑誌・書籍・ラジオ・サッカー用具なども置かれた。ドイツ労働戦線の「休養団」は映画・劇団などの慰安娯楽を配達した。

## ■戦時中の帝国アウトバーン

1939年9月1日、ドイツ軍のポーランド侵攻で第二次世界大戦が始まると、兵役義務のある男たちは召集を受けて労働者は減少し、建造資材も国防軍にまわされ、ガソリンも配給制になった。帝国アウトバーンの最高速度も100km/hに制限されるなど、すべてが戦時体制に移行し、帝国アウトバーン建設工事は次第に縮小していく。

1940年12月3日に、トット道路総監はほぼ全面的に工事の停止を命じた。この時点で帝国アウトバーンの総延長は3,860kmに達していた。4,000km達成の記念メダルもでき上がっていた。

1940年以降、帝国アウトバーン建設の労働力は、もっぱら強制収容所の囚人や一般国民を対象とした強制労働に取って代わられるようになり、その建設完工距離は極端に減少し、重要地域の未完成部分の完工が急がれたが止まった。ともあれ、1941年末までには90kmが、42年末までには34kmが、43年末までには35kmが完成し、ナチス政権下における帝国アウトバーン建造の総延長は4,019kmに達した。

しかしながら、この4,019kmにおよぶアウトバーン上を「個人が所有するフォルクス・ワーゲンが走ったことは一度たりともなかった」とザックスは『自動車への愛』で注意を喚起している。つまり、フェルディナント・ポルシェが苦心してつくり上げた〈VW〉は、1935年12月から39年7月までに試作車が113台となっていた。

しかも、このクルマを購入するための予約貯金制度も発足し、1938年10月から1944年末までに約33万6,000人が予約貯金をしていた。しかしながら、1941年から1944年まで、第二次世界大戦のため、後に述べるように、たった630台の〈VW〉がつくられただけで、このクルマのために貯金をしてきた国民の手には渡らなかった。ドイツ国民の個人所有車として、ナチス時代に帝国アウトバーンの路上を走ったことは一度たりともなかったのである。

ところで、トット道路総監が1942年2月8日に事故死して後、1943年8月には、帝国アウトバーンに自転車の乗り入れが認められた。A・フォッセルマンは「それは自動車だけの道路の決定的な終焉であった」と書いている。なお戦時中、一部の帝国アウトバーンでは中央分離帯を舗装して臨時の滑走路に用いられたりしたが、物資の輸送量では鉄道に劣り、戦車はその重量で舗装面を破壊するため通行できず、またガソリンの全般的不足で、軍事的にはあまり役に立たなかったといわれる。

# ■第二次世界大戦後のアウトバーン

第二次世界大戦後のドイツは、米英ソ仏4か国による占領期(1945年6月5日～1949年)以降、1949年5月6日西独成立、1949年10月7日東独成立、1955年5月5日西独主権回復(占領期の完全終焉)、そして奇跡の経済復興を果たした5次にわたるアデナウアー政権時代(1949年9月20日～1963年10月11日)へと続く。

大戦中ドイツの道路網は連合軍の激しい爆撃で寸断されたが、戦後の西ドイツ時代の道路行政は、初代交通大臣ハンス・クルストフ・ゼーボム(在任1949～1966)の下で修復が進められた(東ドイツでは経済的事情で修復が遅れた)。西ドイツでは、1953年8月6日「連邦長距離道路法」が制定され、次いで1955年4月6日には「交通財政法」が制定されて、道路建設に必要な財源が確保された(鉱油税の50%が道路整備に当てられた)。

道路の種類は、『道路行政(平成15年版)』によれば、以下の四つに分けられた[9]。①連邦長距離道路(a高速道路、b国道)、②州道路、③郡道路、④市町村道である。

アウトバーンの延長は、1950年2,128km、1955年2,187km、1960年2,551km、1970年4,110km、1980年7,292km、1990年(10月3日ドイツ再統一)8,822km、1995年11,143km、2000年11,515km、2005年12,174kmに及んでいる。1950年代から1960年までアウトバーン建設があまり顕著ではないように見えるが、これは、ゼーボムの交通政策がやや鉄道重視であったからだという。

1990年10月3日、東西ドイツが再統一され、新たな高速道路ネットワークの建設が目標となり、1992年には「連邦交通路計画」が閣議決定され、2010年までにアウトバーンを13,300kmにまで延長するとした(なお2000年現在で片側5車線化率23.6%)。

アウトバーンは、ナチス時代は片側2車線が標準であり、道路の右半分は追い越し禁止が鉄則とされていた。以後は、片側5車線化が進められており、右側の車線が低

近年のアウトバーン風景。標識も大きく見やすくなっている。

速で左側、つまり中央寄り車線が順次高速となっている。

トラックやバスは、走行車線を100km/hを上限速度とする。乗用車は「速度無制限」であって、左端の追い越し車線は、高性能乗用車が200km/h 以上で飛ばすことで知られている。

ただし、近年では速度無制限区間だけでなく速度制限区間も設定されており、また速度無制限区間における推奨巡航速度は130km/hとされている。

註

1）アウトバーン建設の資料は『Brockhaus』（1970）。 aus Wiki:AVUS＋HaFraBa。from Wiki:Autobahn。ザックス『自動車への愛』92、94頁。西牟田『ナチズムとドイツ自動車工業』142、151頁。Richard Vahrenkamp,Tourist Aspects of the German Autobahn Projekt1933 to1939 ,p5。なお“Autobahn”は、1932年から1934年までのハフラバHaFraBaのニューズレター月刊誌名として使われていた。国土交通省道路局監修『道路行政（平成15年版）』799頁にケルン～ボン間35kmという。

2）ハフラバHaFraBa：Verein zum Bau einer Strasse für den Kraftwagen-Schellverkehr von Hamburg über Frankfurt a.M. nach Basel、およびVerein zur Vorbereitung der Autostrasse Hansestädte-Frankfurt Basel。

3）フリッツ・トット「民族社会主義国家の道路政策」、所収『新独逸国家大系　第10巻政治篇2』日本評論社、1940（原書初版1939）、6頁（330頁）。また1933年4月6日の条については西牟田『ナチズムとドイツ自動車工業』142、151頁。

4）Kassel大学教授Richard Vahrenkamp,Tourist Aspects of the German Autobahn Projekt1933 to1939、p22ff。工事の一斉開始は同上p25。また同じくR・Vahrenkamp, Die Chiemsee-Autobahn Planungsgeschite und Bau der Autobahn München-Salzburg 1933-1938。工事の進捗は、同上英文p 26、同上独文S28。aus Wiki：Reichsautobahn。

5）トット「民族社会主義国家の道路政策」は、第1章1933年以前の道路、第2章ヒトラー総統とその事業、第3章道路建設に関する民族社会主義上の問題、第4章法制と組織、第5章道路建設計画の施行、第6章外国と自動車国道、第7章過去と未来、となっている。なおArend Vosselman, Reichsautobahn-Schönheit・Natur・Technik, ARNDT-Verlag, 2005, SS8。

6）美観と耐久性を考慮してのことである。例えば、レーゲンス近くの石造橋は延長200m以上あり、1135～1147年の間に架設されたものだが、依然として電車軌道と最重貨物自動車がその上を通過しているとトットはいう。

7）帝国アウトバーンに関する法令：Gesetz ueber die Errichtung eines Unternehmens Reichsautobahnen, Die Vorläufige Autobahn Betriebs und Verkehrsordnug。

8）ハンス・ローレンツ『道路の線形と環境設計』中村英夫・中村良夫訳、鹿島出版会、1976年。

9）道路の分類。戦後：①Bundesfernstrassen（a.高速道路Bundesautobahnen、b.国道Bundesstrassen）、②Landesstrassen、③Kreisstrassen、④Gemeindestrassen。ナチス期：①Reichsautobahnen（アウトバーン）、②Reichsstrassen（一般国道）、③Landstrassen Ⅱ Ordnung（二級地方道）、④Landstrassen Ⅰ Ordnung（一級地方道）。

# 第7章 KdFワーゲンと第二次世界大戦

## ナチス期(4)〈KdF-Wagen〉+〈Kübelwagen〉

1937年7月上旬、ポルシェたちがアメリカから帰国したとき、まだ新自動車工場・新自動車工業都市の候補地は確定しておらず、まず設計が先行する。また、この年(1937年)11月、ヒトラーは戦争を決意するにいたっていた。

ヒトラーは自分の命が長くないという強迫観念に取り憑かれていたようだ。「時が迫っている。私は充分長く生きることはできない。私は土台を置き、その上に他の人々が私の後で築くことができるようにしなければならない(1934年2月、44歳)」などというのは、そのほんの一例である。

1937年10月末になると、ヒトラーは大管区の宣伝責任者たちに向かって「大きな問題、とりわけ生存空間の問題ができるだけ早期に解決されなければならない。それを解決できるのは私だけだから、後継者にこの問題を残していくことはできない」と語った。ヒトラーが戦争を決意するのは、通説によれば、1937年11月5日午後4時から8時15分まで行われた秘密会議においてである。

1934年戦艦グラフ・シュピー提督号の進水式。これはポケット戦艦と呼ばれる小型のもので、ヴェルサイユ条約下のトン数制限で姑息な手段ともいえるものだった。しかし翌年、ヒトラーは条約を反古にし軍拡に突き進んだ。

出席者は、外相フォン・

ノイラート、国防相フォン・ブロムベルク、陸軍総司令官フリッチュ、海軍提督レーダー、空相ゲーリング、国防軍副官ホスバッハ大佐である。

ヒトラーは冒頭に、これから話すことは私の「遺言」だと思ってほしいと述べ、語り始める。「ドイツの政策目標は、人種の共同体を確保し、維持し、拡張することである」。「拡張は直ちに『空間の問題』に突き当たる。ドイツの生存空間はこのヨーロッパ大陸にあるが、過去においても現在でも主なき空間はなかった。攻撃するものは常に所有者に突き当たる。だが、空間的にまとまった、がっしりした『民族の核』により支配され防衛された大帝国は、大きな賭けを正当化する。ドイツ問題の解決には力の道があるのみである。ひとたびその決意をすれば、問題は時期と好都合な四囲の状況だけである。遅くとも1943年－1945年にはドイツの空間問題を解決するのが、自分の不動の決心である。ドイツの最初の目標は、チェコスロバキアとオーストリアの制圧である。これによってドイツのための大量の食料が両国から保証される」と。

ヒトラーは話し終わって出席者の意見を求めた。ノイラート、ブロムベルク、フリッチュは西欧諸国と戦争になる危険があると反対であった。

開戦を決意したヒトラーは、年が明けた1938年2月4日には、ヒトラー政権最後の閣議を召集し、反対者を更迭し、戦争遂行体制を確立する。ドイツ国民は、2月4日真夜中の12時直前の重大発表によって、総司令官フリッチュ、国防相フォン・ブロムベルク、外相フォン・ノイラートが更迭され、16名の上級将官が解任され、44名が転任させられ、かつ国防(陸軍)省は解体されて、ヒトラー自身が国防省の指揮権を握ったことを知らされた。ヒトラーは「至高の独裁者」となって戦争を決意するに至ったが、しかし、依然として、まだ福祉国家の政策を高く掲げ〈VWプロジェクト〉を堅持する姿勢をとり続ける。

## ■工場建設地の確定(1938年初頭)

フェリーの自伝によれば、ボド・ラフェレンツ博士は中型双発爆撃機のユンカースJu88で空中視察を繰り返し、ドイツ中を飛び回って今日のヴォルフスブルク新産業都市となる、北部ドイツの候補地、人口約1,000人のヘスリンゲン村を中心とする土地を発見した。この村の西南26kmにはブラウンシュヴァイク市が、同じく西南

ニーダーザクセン州ヴォルフスブルク(中央)周辺。近年は、VWの工場があり人口も10数万だが、KdF Stadtに選定されたときはわずか千百数十人しか住んでいなかった。

50kmほどのザルツギッター市にはハインリヒ・ゲーリングの経営する製鉄工場があった。西74kmにはハノーファー市が、東64kmにはマグデブルク市がある。

このヘスリンゲン村には、1620年ごろ建てられたヴォルフスブルク城(狼の巣城)がそびえるが、あたりは草茫々の原野である。この地こそ、ヒトラーのいう条件、運河(ミッテルラント運河)・鉄道(ベルリン〜ケルン間の幹線鉄道)・アウトバーンに近いという条件を備えており、最終的に、ラフェレンツ博士は、1938年の初頭、新しい工場の建設のための候補地として決定した。

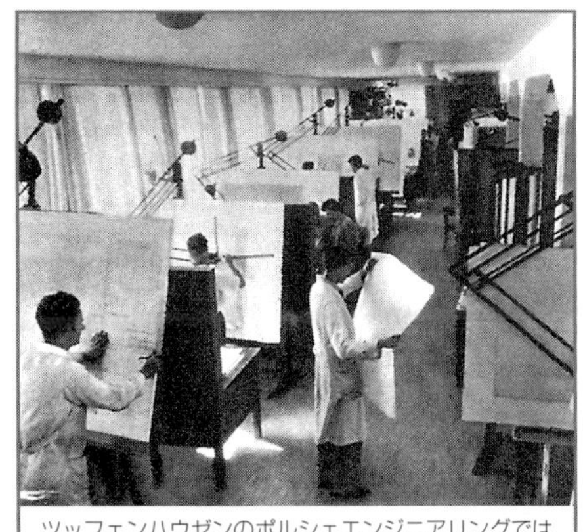
ツッフェンハウゼンのポルシェエンジニアリングではVWの完成に向けて細部の設計が詰められていた。

工場建設のためには、6,000haが必要であった。フォン・デル・シューレンブルク伯爵の所有地が2,000ha、それに28名の小地主の所有地4,000haが、ほぼ強制的に買い上げられた。この買い上げの交渉には、ドイツ労働戦線(DAF)の総帥ロベルト・ライ自身が当たった。

フェリーは買上の交渉が簡単であったように書いているが、シューレンブルク伯爵が反対し、ついでゲーリングも自動車工場ができれば低賃金で働く労働者がいなくなると反対しはじめた。また、この付近には毒を持つ蚊の大群が発生し工場ができても労働者たちが“ばたばた”と倒れるであろうという風説が流れた。ともあれ、最終的な承認を得るのは容易ではなかったようである。

近くにはファーラースレーベンという町があるだけであったから、この場所は初めのうちは「ファーラースレーベンの近く(bei Fallersleben)」とだけ呼ばれていたようである。

1938年2月8日、ラフェレンツは工場敷地計画をドイツ労働戦線DAFの統帥者ロベルト・ライに提出、DAFによる〈VW〉工場の基礎工事は、同年2月24日から始められた。

## ■ペーター・コラーによる新都市の設計

ペーター・コラー1)は、1907年5月1日ウィーン生まれの建築家であり、都市設計家である。コラーはウィーン工科大学とベルリン工科大学(ここでアルベルト・シュペーアに習う)を1929年に卒業、2年間ほど企業に勤め、1933年からはドイツの地方官庁(アウグスブルク地方計画局など)に勤務していた。そして、ユーゴスラビアのアグラム都市計画の設計コンペで世界各国の専門家に伍して、第1位に入賞したばかりの新進気鋭の設計家であった。

KdFワーゲンのシンボルマーク。設立された会社・工場やワーゲンの宣伝にも使われた。KdFはドイツ労働戦線DAF傘下の歓喜力行団Kraft durch Freudeのことだが、数々のレジャー施設を持ち、民衆の余暇活動を組織する翼賛団体。イタリアのファシスト党に同様の先例がある。

1937年12月11日、コラーは最初の自動車工業都市計画の鳥瞰図をドイツ労働戦線(DAF)のロベルト・ライに提出した。この時点で、すでにコラーはヴォルフスブルクのある場所を前提に都市計画を立案していたようである。この案が採用され、同年12月の末には「カー・デー・エフ・ワーゲン市」の設計者に任命された。1938年春には、最初の計画案の修正案を提出し、コラーは「都市建設局」の主任設計家になった。

採用されたコラーの設計案は、DAFの議長ロベルト・ライをも驚嘆させた、途方もなく大胆な構想であった。古代ローマの都市計画に倣った壮大な、人口9万の工業都市の設計図であった。

市の大通りの道幅をすべて300mとし、アラー河に沿ってゴム・ガラス・冷延鋼・熱延鋼などを自給できる工場配置を基本としていた。それに大アパート群、住宅群にショッピングセンター、娯楽センター、病院、レストランを配し、さらに公園、体育館、プール、ボートハウスも設けられた。居住地域から50mほど高い場所には城を建て、党本部と文化会館を入れ、幅100mの道路が通ずる計画もあった。

計画では、1941年には、2交代制で合計7万5,000人が働き、年間40～50万台のクルマが生産されるはずであった。至れり尽くせりの、巨大な田園都市の設計構想であって、完成の暁には、ヨーロッパ最大の、近代的な自動車工業都市になるべく予定されていた。

## ■1938年の自動車ショー

ヒトラーが「至高の独裁者」となって、2週間ほどあとに、恒例の自動車ショー(参加者のべ77万人)の開会式で、ヒトラーは〈VW〉の出現が間近であることを約束する。

> 「4年間の絶えざる改良によって、フォルクス・ワーゲン・プロトタイプは開発され、価格は適切な範囲に収まり、生産は容易となって、最小限の手作業で最大限の成果を達成できると私は確信する。何年もかかってポルシェ博士が開発したこのモデルが終に実を結んだのであるが、実はまだテスト中である。このクルマは、少収入の何百万の人々に市場を開くだろう。世界に冠たる最良のクルマを開発したのは、支配人、技術者、仕事頭、労働者、メカニックの人た

ちのおかげである。今や私は、ごく近いうちに、廉価なクルマをつくり上げるだろうと確信する」

また、「今や、強力な〈VW〉工場の建設も開始されると予告し、自動車業界の不安を除くべく、〈VW〉生産は『4か年計画』と結び付けられていること、国民所得が高まれば高まるほど、追加的購買力が経済的諸領域に拡大するだろう」と続けた。

この自動車ショーの会場には、ペーター・コラーによって設計された、VW工場を中心とした新工業都市のモデルが展示されていた。

このヒトラーによる開会の辞は、ホップフィンガーによれば、ドイツ国民に期待通りの効果をもたらし、外国人特派員も、この演説はドイツ国民をより一層ヒトラーのもとに結集させたと報道した。

## ■ヒトラー、オーストリアを併合(1938年2月)

1938年自動車ショー(2月18日〜3月6日)をはさんで、ヒトラーは自分の祖国オーストリア併合を強行する。

2月12日の午後、ヒトラーはオーストリア首相シュシュニックをベルクホーフ(山荘)に呼びつけて会談し、ナチ党員の特赦とナチ党員の入閣(ザイス・インクヴァルトを内相に)とを要求する協定書を突きつけた。

シュシュニック首相は帰国後、連邦議会とオーストリア国民の「反ナチ感情」の増幅をチャンスと見て、2月24日連邦議会において愛国の大演説を行い、3月9日には4日後には国民投票を行うと発表した。国民投票によってヒトラーとの協定を打ち破れるものと確信した。

ヒトラーはこれを知って激怒し、3月11日午前11時過ぎ、最後通牒を突きつけ国民投票の延期とシュシュニック首相の退陣を勧告する。シュシュニック首相は退陣し、3

ウィーン市内をムッソリーニとともにベンツに乗って行進するヒトラー。写真は1939年のもの。

ヒトラーに抵抗しない英仏を皮肉って、
チェコをヒトラーに差し出している漫画。

月11日夜9時頃、ザイス・インクヴァルトが臨時オーストリア政府首相に就任する。

3月12日午前8時、ドイツ軍は、臨時政府の依頼による秩序維持の名目で、オーストリア侵入を開始する。ところが、この侵略軍は沿道で花束による大歓迎を受け、ヒトラーも故郷ブラウナウで「熱狂的な群集」の大歓迎を受け立ち往生する。ヒトラーは、オーストリアに入る前まではドイツとオーストリアの「ゆるやかな結合」を考えていたが、ブラウナウからリンツに至るまでの大歓迎に遭遇して「即時併合」を決意する。

3月13日午後、ザイス・インクヴァルト臨時首相の下で、オーストリアをドイツ国家の一つの州(オストマルク州)とする「ドイツ帝国とオーストリア共和国の再統合に関する法律」が承認された。3月13日夕刻、リンツに滞在するヒトラーを訪れたザイス・インクヴァルト首相が、この法律の成立を伝えると、ヒトラーは感激のあまり涙を流したという。

3月15日朝、ヒトラーはウィーン旧市の中心、英雄広場に集まった20万人の大群衆を前に、フォルクス・ワーゲンを引き合いに出しつつ、最初の意気軒昂たる演説を行った。

> 「ドイツ国民とドイツ国総統および首相として、私はいまや歴史の前で、私の郷土のドイツ国家への参加を宣言する。今や諸君は新たな使命を持ち、諸君の国は新たな名称すなわちオストマルクを持つにいたった。(中略)フォルクス・ワーゲンは、多数の勤勉な、低賃金のオーストリア人民の願望を、また国民の福祉を真に心がける政府の願望とを、必ずや、現実のものとするだろう」

オーストリア併合からほぼ1か月後の(1938年)4月10日、独墺合併の賛否を問う国民投票が、ドイツ、オーストリアの双方で行われた。ヒトラーはドイツ・オーストリアで選挙運動を行い、どこでも熱狂的に、救世主として、指導者として、大歓迎されたのである。投票の結果は、オーストリアで投票者の99.73%が、ドイツでは99.02%が統合に賛成した。

ヒトラーの次の狙いは、ポルシェの故郷チェコスロヴァキア共和国である。チェコでは350万のズデーテン・ドイツ人が、オーストリアの併合に刺激されて、同じような併合を要求し始めていた。ヒトラーはローマを訪問し、ムッソリーニの暗黙の了解を取り付けた。

他方チェコスロヴァキアのベネシュ大統領は、5月19、20日両日、ドイツ軍がチェコ国境全域に動員されつつあるという新聞報道に驚き、チェコ軍に動員令を発し、5月20日午後から21日の払暁までに、ズデーテン地方を占領させていた。チェコ問題は緊迫度を増しており、その様な緊急状況のなかで1938年5月26日、〈VW〉新工場の定礎式が行われた。

## ■〈KdFワーゲン〉とKdFワーゲン市の出現(1938年5月)

1938年5月26日、「ファーラースレーベン近く」で、〈VW〉新工場の起工式が行われた。会場には、新しい国民車の価格、〈990〉が屋上に高く掲げられた。この日、ポルシェ社は〈VW3プロトタイプ〉を連ねて、この式典に参加した。カブリオレ1台、クーペ2台である。クーペの1台はスライド式のサンルーフ仕様である。この起工式で、ヒトラーは次のように演説した。

「フォルクス・ワーゲンは広範な大衆のためにつくられ、国民の日常業務での輸送の手段として役立ち、国民のレジャー用として喜びをもたらすだろう。このクルマに名前を付けるとするなら、それは一つしかない。私は、今日このクルマに名前を与えよう。それは組織の名前、広範な国民大衆に喜びと力を与えるべく最善の努力を尽くした組織の名前が与えられるべきである。すなわち、このクルマは〈KdFワーゲン〉と呼ばれるべきである。このプロジェクトは、すべてのドイ

いわゆるカー・デー・エフ・ワーゲン市に建設中の工場。

ツ国民の力によってつくり上げられ、ドイツ国民に喜びをもたらすであろう。私は今この礎石をここに置く」

VWカブリオレに乗ってご満悦のヒトラー。隣がポルシェ。

こうして、この日、〈VW〉は、正式にヒトラーによって〈歓喜力行号KdF(カー・デー・エフ)ワーゲン〉と命名された。もちろん、この新工場の引き受け手であるドイツ労働戦線(DAF)の下部組織「歓喜力行団Kraft durch Freude」の頭文字をとったものである。

1938年5月26日の定礎式で、ヒトラーは〈フォルクス・ワーゲン〉を、突如〈カー・デー・エフ・ワーゲン〉と名づけた。フェリー自伝によれば、そのため「何千枚ものポスターや広告サインを〈KdF〉に変更せざるを得なくなり、とどのつまり、そうさせられてしまった」とあるから、〈KdFワーゲン〉なる名称は急遽決定されたことがわかる。

この町の名前も、1か月あまり後の1938年7月1日から正式に「ファーラースレーベン近くのカー・デー・エフ・ワーゲン市」と呼ばれることになった。ヴォルフスブルクと呼ばれるようになるのは戦後のことで、1945年4月25日、イギリス占領軍の指示によって、近くに聳える狼の巣城(Schloss Wolfsburg)に因んで命名されてからである。

フェリーはこの式典に出席したヒトラーを、帰途、最寄の駅であるファーラースレーベン駅に待機する特別列車まで送る役目をおおせつかっている。モムゼンの著書には、このときの写真が2枚収められている。一つは〈VWカブリオレ〉の助手席から嬉しそうに側近に笑いかけるヒトラーと運転席側に立つポルシェが写っており、写真説明は「定礎式後、独裁者と設計者は、〈VWカブリオレ〉の中で、明らかに満足気である」。もう一枚は、この写真の直

1938年ヒトラーがフェリーの運転する
VWカブリオレに乗り、定礎式から帰る。

後の状態で、フェリーが運転し、ポルシェが後部座席に座り、ヒトラーが助手席に座って右手を上げて見送りの歓声に応えつつ会場を去っていく写真であり、次のように説明されている。「アドルフ・ヒトラーとフェルディナント・ポルシェが、フェリー・ポルシェの運転する〈VWカブリオレ〉に乗って、1938年5月26日に行われた定礎式の式典(会場)を去っていく」。

工事の第一期は、ドイツ労働戦線のメンバーが全国から動員され、起工式の翌日から急ピッチで開始された。

ヒトラーが定礎式の場を、フェリーの運転で急ぎ離れなければならなかったのは、チェコ問題が緊迫化していたからである。

工場はデザイン的にもなかなか洒落たものとなっていた。

すでに指摘したように、1938年5月19～20日、ドイツ軍国境に迫るとの虚偽の新聞報道に惑わされて、チェコ政府は5月20日に部分動員令を発してズデーテン地方に展開し、英仏政府も外交官を通じてドイツへの干渉を通告した。各国の新聞は、ヒトラーが外国の圧力によって、チェコ侵略を中止せざるを得なくなったとのキャンペーンを行った。しかし現実には、ドイツ軍は一兵をも動かしていなかったのである。

激怒したヒトラーは、そこまでいうなら本当に武力によってチェコ問題を解決してやると決意する。定礎式からベルリン帰着の翌々日の5月28日、ヒトラーは軍首脳、外務省官僚、その他政府高官を特別会議に召集し、「チェコスロバキアを地図から抹殺することが私の不動の決意である」と宣言、「この攻撃は生存空間を獲得するためのより広汎な戦略の一部に過ぎない」と語り、軍首脳部の危惧・反対を無視して5月30日、チェコ問題の武力解決の期限を(1938年)10月1日までとしたのである。

これ以降の英独仏の動向は、いわゆるミュンヘン協定の歴史として知られているので、結論だけを示せば、英首相チェンバレンの「宥和政策」によって、1938年9月29日、ズデーテン地方の即時割譲(1938年10月10日)が承認された。

## ■VW車貯金制度の開始(1938年8月)

チェコスロバキア危機の真っ只中で、〈VW〉の貯金制度が動き出す。この貯金制度は、低価格の国民車の市場を低所得層に向けて開拓するという意図を持つものであって、すでに1934年4月にラフェレンツの報告書『VW車の実現』の中で提案されていた。1937年10月23日、ドイツ労働戦線の指導者ロベルト・ライは、全国経営共同体第2回大会の席上において、この〈VW〉購入のための貯金制度の概要を初めて国民に公表した。その翌年、1938年5月26日、VW新工場の起工式において、〈KdFワーゲン〉購入方法の説明が、ボド・ラフェレンツによって、再びなされた。

「週5マルクずつ積み立てKdFワーゲンを手に入れよう」と呼びかけるポスター。5マルク硬貨のうしろが購入積み立ての申込書。

1938年8月1日、ロベルト・ライは、イー・ゲー・ファルベンのレーヴァークーゼン工場75周年記念会の席上で「われわれは、ドイツの労働者で、その(国民車の)分け前に与り得ない者は、ドイツには最早いないことを望むものである」と演説し、この〈KdFワーゲン〉購入のための貯金制度を説明した。その骨子は、

①すべてのドイツ人は、階級、身分および財産のいかんに関わりなく、VW車の買い手になることができる。価格は990ライヒスマルク、保険料(最初の2年間)は200ライヒスマルクである。
②VW車の貯金活動への申し込みは、DAFおよびKdFの全役所で取り扱われ、個人の場合、1ライヒスマルクを支払って申し込めば、「KdF車貯金通帳(3冊)」が交付される。各企業の場合、一括注文を提出することができる。
③個人の場合、保険料を含む最低貯金額は、週当たり5ライヒスマルクとなる。通帳が購買価格の75%を満たしたとき、クルマの引渡しを正式に申し出ることができる。ただし、特別の場合を除いて、中途解約は認められない。
④最初の引渡しは1940年である。

こうして「KdFワーゲン貯金制度」が1938年8月1日から公式に発足することになった。

## ■ポルシェのドイツ国家賞の受賞(1938年6月〜8月)

1938年6月にはKdFワーゲン市の工事現場に小さなコテージが建てられた。ポルシェが工場建設の責任者であったから、その進捗状況を監督するために現場に宿泊所が必要だったからである。また(1938年)6月5日のフェリーの次男の誕生を機に、新居を構えることにした。

フェリー夫妻はオーストリアのザルツブルク州のツェル・アム・ゼーに「理想的な土地」を見つけた。住居を買い取ったのは1939年に入ってからで、フェリーの自伝によれば、ツェル・アム・ゼーのグライダー飛行学校に隣接する、741エーカーの広大な面積を持ち、築150年の、しかも部屋数が20もある大きな古い農家という。

1938年8月10日には、ポルシェはヒトラー直々に「ドイツ芸術科学国家賞」(オシエツキー事件によるノーベル賞の代替賞である)を授与された。ポルシェとともに受賞したのは、ドイツ道路総監としてアウトバーン建設に力を尽くしているフリッツ・トット(1891〜1942)、ドイツ空軍のために航空機設計に尽力しているヴィリー・メッサーシュミット(1898〜1978)、同じく航空機の開発・製作に功績のあるエルンスト・ハインケル(1888〜1958)の4名である。この副賞が豪華である。ポルシェらは名誉教授の称号、賞金10万ライヒスマルク、鷲とかぎ十字のついたプラチナ・ダイヤの勲章とを受け取った。これ以後、ポルシェの肩書きは「教授・博士ポルシェ」となる。ポルシェは、この賞金でオーストリア南部のヴェルターゼーに別荘を購入している。

## ■VW有限会社の設立とKdFワーゲン市の建設(1938年9月)

1937年5月18日に設立された「フォルクスワーゲン設立準備有限会社」は、1938年9月16日をもって「フォルクスワーゲン有限会社」に転換した。資本金は1940年に1億ライヒスマルク、1941年には1億5,000万ライヒスマルクに増資する。全額「ドイツ労働戦線財産管理有限会社」が引き受けた。監査役会は7名で、会長にはDAFの国民経済中央部部長のハインリヒ・ジーメン、副会長もDAFから出ており、5名の監査役にはドイツ労働銀行から1人、DAFから1人、あとは設立準備会社の、ヴェルリーン、ラフェレンツ、ポルシェの3名である。取締役会4名にはDAFから2名、ポルシェ設計事務所からオットー・デュクホフ、それに販売担当の1名は所属不明である。12名の役員中、6名がDAFの関係者である。

工事の第一期は、すでに述べたように、ドイツ労働戦線のメンバーが全国から動員され、かつ地元の労働力も動員されて、起工式(1938年5月26日)の翌日から急ピッチで開始された。その1年4か月後の1938年9月16日には、新会社が発足するが、工場建設と都市建設のための労働力が、DAFの協力と地元の労働力だけでは圧倒的に不足であることが、

1939年生産型のKdFワーゲン。上がクーペ、下がカブリオレ。

生産型のフレーム。戦後のものだが基本は全く変わっていない。

直ちに判明する。

1938年晩秋、この状況を知ったヒトラーは、枢軸同盟国のムッソリーニ(1883～1945)に直ちに依頼する。このときイタリアでは成人の失業率は、地方によっては90%に及んでいたから、ムッソリーニも、労務官僚に命じて、ナポリ・パリ・ローマ・フローレンス・ボローニアなどから1週間以内に1,000人の失業者を集めさせた。彼らはそれぞれの町から、北ドイツの「ファーラースレーベン近くのカー・デー・エフ・ワーゲン市」に向かった。

フェリーの自伝によれば、工場・都市の建設工事は「何千にも及ぶイタリア人の労働者で進められた。多数のプレハブ宿舎が建てられた。(中略)当初3万人が収容できる宿舎が計画されたが、瞬く間に増員され、最初の計画が急遽拡大されていった」という。

フェリーは単に「当初3万人収容」の「プレハブの宿舎」、宿舎の「急遽拡大」とだけ言っているが、ホップフィンガーによれば、工事現場には、さらに「逆棘」の鉄条網が張り巡らされ、SS親衛隊による監視塔もあった。しかし、イタリア人労働者たちは夕方仕事が終われば自由に外出することができた。陽気なイタリア人たちが来て9週間以内に、近隣の村々の多数の女性たちが次々と妊娠した。かくてSSの厳しい監視体制が敷かれ、イタリア人労働者は自由な外出ができなくなり、違反者への暴行で死者も出たようであるが、ムッソリーニは喜んで穴埋めに新規の労働者(イタリアでの失業者)を送り込んだという。24時間ぶっ続けの猛烈な勢いで〈VW〉プラントの建設工事が進められたのである。

最初につくられた建物は、ブラウンシュヴァイクの「工員養成工場」で、1938年10月から250名の不熟練工の養成が開始された。1938年中には、車体製造の専用工作機500トン・プレスが6基納入された。また、1939年4月には、本工場の機械工作工場ができ上がり、生産が開始された。シュトゥットガルトのポルシェ社の事務所の一部も、ここに移転した。

にもかかわらず、1939年9月1日の第二次世界大戦突入以前には、その第1期工事すら完工していなかった。大戦突入後も、工事の規模は縮小され、内容を変えて続行された。イタリア人労働者たちは、大戦が始まると、次々と帰国していった。それに代わって、ポーランド侵入以降、今度は、ポーランド人、ロシア人労働者が多数この強制労働に従事することになった。フェリーの自伝では1941年から42年の間にソ連領内からの1.5万人から2万人の捕虜が、ここで建設に従事したと述べている。

## ■〈KdFワーゲン〉宣伝のためのパンフレット(1939年)

上の見出しの完全復刻版が手元にある。二つともアメリカ国会図書館所蔵のもので、一つは薄く8頁の“Der KdF-Wagen”、もう一つは少し厚く36頁の“Dein KdF-Wagen”である。ドイツ語の原文はすべて亀の甲文字で書かれ、写真が豊富に載っている。

8頁の“Der KdF-Wagen”のパンフレットの表紙がアウトバーンを疾走する〈KdFワーゲン〉の絵で、左側にハンドルを握るご主人と右に夫人、後部座席に子供3人が乗っている。

その裏表紙には、この一家5人が草原にクルマを止め、芝生の上で皿に盛ったご馳走と魔法瓶と携帯ラジオなどを取り囲み、昼食を取っている。説明文は、冒頭に「総統の意思はドイツ国民に〈KdFワーゲン〉を与えた」とあり、続いて「平地や峻険なアルプスの峠やアウトバーンでの極寒と酷暑下で走行テストされ、〈KdFワーゲン〉は機構上、難点がないこと、実用的で、かつ経済的であることが証明された。ドイツ労働戦線DAFの組織は、この〈KdFワーゲン〉製造のための巨大な自動車製造工場の建設を可能にした。(中略)最初の〈KdFワーゲン〉プロトタイプは、過酷なテストに耐え、全200万キロ以上、クルマによっては10万キロを走破したものもある。(中略)独立懸架の車輪のスプリングと恐るべき路面グリップ力は、その優れた制動力とあいまって、最高度の安全性を可能にしている。総統の意思によりこのクルマが勤勉なドイツ国民に与

8頁のKdFワーゲンのパンフレットの表紙。こちらはクルマの紹介が中心のもの。ヒトラーの政策でドイツ国民がクルマを所有して幸せになるという幻想を抱かせた。

えられたことは、創造的なドイツ自動車技術の魂が生み出した模範例に他ならない。総統の意思が実現したのである」。

同じく3頁。背景に赤い屋根の住宅、その前の道路に、頁一杯に〈KdFワーゲン〉が描かれ、クルマの前方には大砲の玩具を引っ張った後ろ向きの子供1人、その反対側に正面を向いた父親が立ち、クルマを満足そうに見つめている。

同じく4頁めは、二つの絵と一つの図面が描かれている。運転席から見たハンドルと正面の二つのメーター(速度計・走行距離計と1速から4速・バックまでのギアメーター)とダッシュボードの絵、クルマの内部座席の絵、そしてガレージの前に線描写されたクルマの図に、横幅1.55m、縦幅4.2m、高さ1.55mと寸法が書かれている。説明文は「全鋼鉄製のセダン型で、4人の大人と子供1人のスペースがある」、ハイビーム・ロービーム・ラジオ装備などクルマの内部装備の説明である。

同じく5頁めは斜め後方から見たクルマの姿が描かれ、右下にはサンルーフを閉じた姿が、小さく線描写されている。説明文はこの頁にはない。

同じく6頁めは2枚の絵が描かれており、一つは横からの透視図で前部にスペアタイヤと荷物置き場、運転席に男性が1人ハンドルを握り、後部座席には女性が1人座っている。後部の収納部に荷物が描かれている。もう一つの絵は斜め上からの透視図で前部座席に大人が2人、後部部座席に大人2人、真ん中に子供1人と5人が描かれている。説明文は「KdFワーゲンのデザイン、良質の車台、必要最小限の装備は、調和のとれた、目的に合ったクルマをつくり出した。このクルマは、長旅でも、運転者にも同乗者にも快適である。座席は車軸間に置かれていて、運転者が1人でも4人が乗っていても、重力の不動の中心部を形勢している。座席はスプリングがよく効き、4輪が独立に動くので、カーブでも横揺れしない」

最後の頁(裏表紙の表側)には4つの絵がある。左上の絵は300kgの荷物を積んだ状態での登坂力を示し、登り32度の急斜面では1速で20km/h、18度の上り坂では2速で40km/h、9度の上り坂では3速で65km/h、平地では4速で100km/hと図示されている。左下の絵は回転半径が5mであることを示す。右上の二つの絵は、最初の絵は40km/hでの制動距離が7mであること、加速力は0から60km/hまで14秒とある。頁の右下に技術的データと装備などの説明がある。空冷4気筒のエンジンは外部の温度の影響を受けないこと、メンテナンスが簡単なこと、走行距離メーター、スピードメーター、4段ギア・メーター、ウインカー、電気ワイパー、発電機灯、油圧計、ヘッドライト、リア・ヴュー・ミラー、室内灯、スペアタイヤ、工具などが標準

36頁の宣伝紹介冊子。タイトルは『あなたのKdFワーゲン』という意味。クルマだけでなくポルシェのオフィスから工場まで紹介され、終わりに1939年に生産が始まり1940年に出荷するとある。

小さいが2分割された後窓が付き、このスタイルは戦後まで続く。ルーフは巻き取って後にまとめる、今でいえばサンルーフタイプに当たる。

寸法を示し車庫スペースの参考にしている。

装備である。満タンで25リッター、14.3km/リッターなどである。

もう一つのパンフレット“Dein KdF-Wagen”の表紙の第1頁の冒頭に大きな活字で「総統の意志により実現したKdFワーゲン」という文字が踊っている。

また「自明のことながら〈KdFワーゲン〉の製作に当たっては、スウィング・アクスル独立懸架方式がとられたが、これはレーシングカーのみならず量産される一般乗用車の場合にも、その真価が大いに認められた」、「後軸はアウト・ウニオン・レーシングカーに

Die Schnittzeichnung zeigt die Anordnung aller Sitze
zwischen den Achsen, die reichliche Bemessung der Karosserie und die Unterbringungsmöglichkeiten für Gepäck


前後に大人が乗り、荷物を詰め込んだKdFワーゲンの断面図。

空冷水平対向4気筒エンジン。

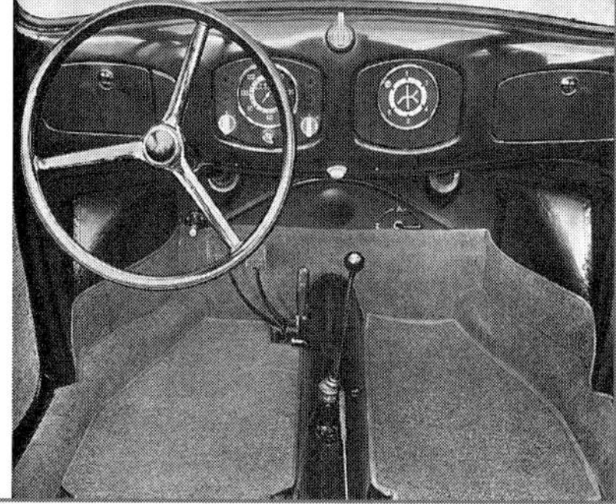

シンプルで必要充分なコクピット。

シートは決して安っぽい感じではなくしっかりしている。

後部座席後(エンジン室前)のトランクルーム。

カタログではKdFワーゲンのシャシーとすっきりした底面を見せている。

見られるのとほとんど変わらない、弾力を強くしたスウィング・アクスルを使用している」などの説明がある。以上、二つのパンフレットの説明文は、ほとんどが技術的な細部にまで及んでおり、恐らくその多くが、ポルシェ設計事務所の手になるものであろう。

## ■KdFワーゲンの予約開始

〈KdFワーゲン〉と名付けられた〈VW〉は、その存在を知らせるために宣伝に力を入れた。何度も何度も繰り返された宣伝文句は、「国家必勝の努力で、新しく、より巨大なドイツが、より幸福でより繁栄したヨーロッパの地図上に出現することになる。フォルクス・ワーゲンは軍の需要が満たされたら、直ちに国民の手に入るだろう」というものであった。ともあれ、ドイツの必勝が間近であると繰り返し宣伝され、詳細なパンフレットが大量に印刷・配布されて、ドイツ国民は〈KdFワーゲン〉を買うべく、夢を抱いて貯金を続けたのである。

政府は1940年になったら10万台以上の〈KdFワーゲン〉を市場に売り出すと報じたが、その1か月半も経たない1939年9月1日、ドイツ軍がポーランドに侵攻、第二次世界大戦が始まった。国民のための〈KdFワーゲン〉の生産は完全に放棄されてしまうが、もちろん、国民は戦争が短期間で勝利のうちに終わるだろうと信じている。

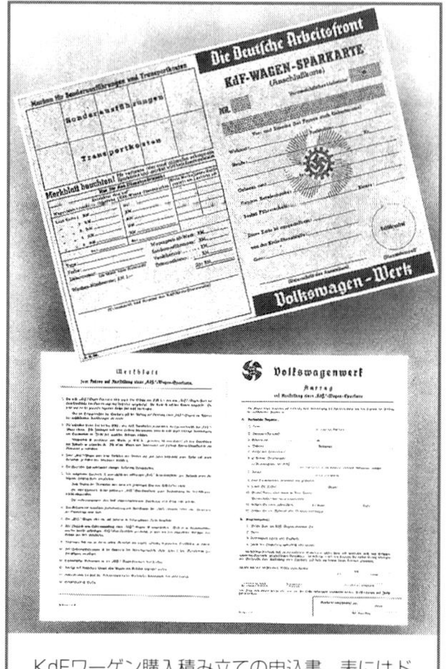
Die Deutsche Arbeitsfront
KdF-WAGEN-SPARKARTE
Volkswagen-Werk
Volkswagenwerk
Merkblatt
Antrag

KdFワーゲン購入積み立ての申込書。表にはドイツ労働戦線と下に国民車工場の名がある。

大戦勃発の4か月ほど前、1939年4月号で『亡命ドイツ社会民主党のドイツ通信』は、このクルマが入手できるようになるのは1941年7月のことであるが、各種企業の側では同車への注文台数をできるだけ増やし、それと交換条件に、各企業にできるだけ多額の発注をしてくれるよう依頼できることを期待して、自社の労働者に積極的に購入予約をするよう、強い圧力をかけていたという。

ある労働者の呟きにいう、「例の品物を買わなければならないし、それに対して(毎月20マルクを)支払わなければならない。しかもその品物たるや、まだ見たことのない、しかもまだ製造されていない品物なのだ。聞くところによれば、官庁側は、たくさんの注文を登録して外国に国民の多数が支持しているという印象を与えなければならないと思っているのだそうである」。

予約者は1938年10月までに約13万人、戦争が始まっても増加を続け、1939年6月末の25.3万人から1944年末までに33.6万人と、8万人以上の増加を示している。これは、ドイツ国民がこの戦争は短期間で、しかも勝利のうちに終ると信じ込まされていたこと、国民の〈KdFワーゲン〉への期待も極めて大きかったことによるだろう。また、1941年末までに、つまり開戦後2年以内のうちに、約30万人の貯金者がおり、しかも支払完了者が6万人、〈KdFワーゲン〉引取り請求者が14万人に上っていることも驚くべきことである。

〈KdFワーゲン〉予約者(1942年1月20日現在)の統計では、古川澄明論文によれば、

・俸給所得層　46%(職員29%＋官吏17%)
・自営業者　　31%(商業10%＋手工業9%＋農業6%＋工業3%＋その他3%)

・賃金所得者　10%(商工業所得者5%＋農業労働者5%)
・その他　　　13%(自由職業者5%＋ドイツ軍3%＋会社2%＋無職者1%＋その他3%)

見られるとおり、貯金者の圧倒的多数を占めたのは、俸給所得者(46%)と自営業者(31%)であること、〈KdFワーゲン〉購入を可能にした国民所得層は、125から415ライヒスマルクまでの、いわゆる中間階層と見なしうる所得者層(26.4%)であること、70.6%を占める、月額所得が125ライヒスマルク以下の、勤勉にして有能なるドイツ国民の大部分は、「依然乗用車を獲得しうる状況にはなかった」ことを示している。

## ■KdFワーゲン市における自動車製造

1939年9月1日のポーランド侵略前後の〈KdFワーゲン〉とその工場の様子は、フェリーの回想によれば、

「さて、1939年に戻ろう。フォルクス・ワーゲン工場はもはや何時でも生産に踏み切れる体制に入っていた。(中略)当初の計画では、1939年の10月中に、まず第一回目のフォルクス・ワーゲン(KdFワーゲンのこと)を生産する手はずだった。ところが、ご承知のように9月に戦争が勃発して、すべての計画が延期されてしまった。それでも約50台は実際に完成されたが、全車、ナチのお偉方の予約になってしまった」

「これ以後は、この巨大工場はフォルクス・ワーゲンをつくる代わりに、徐々に、軍需品工場へと転化していった。広大な構内は、あの有名なユンカース88型機の修理工場になった。おびただしい量の地雷と航空機エンジンの部品類もまた、同時にこの構内で生産されることになった。そして、国民車の代わりに『戦時用緊急代替車』、すなわちポルシェ・ヴァージョンのドイツ製ジープといわれたVWキューベル・ワーゲンが同時に生産体制に入るのだった。(中略)それでも過酷な軍の要求事項を完全に満たして、生産にとりかかるところまで

1943年、戦時中に生産された数少ないKdFワーゲン。

漕ぎ付けるには、丸一年もかかった」と。

このKdFワーゲン市における、自動車生産の状況は下の表に示すとおりである。1940年から45年に至る6年間で、〈VW〉をベースにしたさまざまな車種を含めて、6万6,000台ほどという数字は多いものとはいえない。

この統計によれば、〈KdFワーゲン〉は1941年から終戦の1945年までに、合計630台が生産されている。つまり〈KdFワーゲン〉は、戦争が始まった1939年9月1日から1940年までには1台も製造されず、1941年に至ってわずか41台、1942年にもたったの157台しかつくられていない。1939年6月末までにすでに約25万人の予約者が出ているにもかかわらずである。

DUITSCHLAND PRODUCEERT WEER VOLKSAUTO'S.... MAAR NIET VOOR NAZI'S!

De „Duitsche jeep" kost 4000 mark, weegt 690 kg, heeft topsnelheid van 90 km

Temidden van het drukke verkeer van kolossale groengrijze vrachtwagens, jakkerende jeeps en tramwagens, die nog voller zijn dan in Nederland, ziet men in de Duitsche steden telkens torachtige kleine autotjes schieten, dofgroen, onaanzienlijk, zonder eenige luxe of verfraaiing: de „volksauto's" die Hitler iederen Duitscher had beloofd (en de Duitschers spaarden er hard voor!), maar die, nu zij eindelijk in productie zijn, vrijwel uitsluitend voor de behoeften van de geallieerde bezettingsmacht worden vervaardigd. Wel zag men ook in den oorlog „volksauto's", maar dat was de militaire uitvoering; het vredestype, dat de Duitschers tot het gelukkigste volk ter wereld had moeten maken, wordt eerst thans geproduceerd in de groote volksautofabriek van Fallersleben bij Hannover, die onder Britsche leiding weer gedeeltelijk in bedrijf is gesteld.

De volkswagen — de Engelschen noemen hem „beetle" — is niet fraai, maar wel doelmatig. De motor achterin, het reservewiel voorin. Hij is nagenoeg even groot als de D.K.W., of de Opel „Kadett", maar is nog iets lichter, n.l. 690 kg (De D.K.W. weegt 720 kg.) Het wagentje wordt uitsluitend gebouwd als het 4-persoons model, met vast dak en twee deuren, heeft vier versnellingen vooruit, trekt zeer snel op en ligt bijzonder vast op den weg. De vier cylinder kopklepmotor heeft een inhoud van 1130 cc, is van eenvoudige constructie en heeft lucht- in plaats van waterkoeling. Dit type werd tot dusverre niet in auto's toegepast; wel bij motorrijwielen (Douglas en 2 cylinder B.M.W.). De volkswagen kan een nuttige last vervoeren van 360 kg, wat veel is. Een door den motor aangedreven schoepenrad zuigt de koelingslucht aan; nadat zij door den motor is verwarmd, kan deze lucht op zeer eenvoudige wijze (het omzetten van een handle) in den wagen geblazen worden — een doeltreffend verwarmingssysteem. De vering is uitstekend: vóór torsie-staaf veeren, achter een spiraalsysteem.

Het wagentje heeft goede rij-eigenschappen, maar het vereischt (in de huidige gedaante) een ervaren chauffeur, die goed kan schakelen. De motor heeft nl. weinig soepelheid, begint te stooten bij het gebruik van een onjuiste versnelling; bovendien grijpt de koppeling zeer vlug aan, wat verklaarbaar is omdat de volksauto geen lange cardanas met soepele flexibele koppeling heeft. Resumeerend: voor de geroutineerde rijders, die houden van een stuggen „Europeaan", is dit een wagentje waar men zijn plezier aan kan beleven, voor den minder ervaren chauffeur, die gewend is aan soepele „Amerikanen" met automatische koppeling of synchro-mesh constructies, kan de volksauto een bron van ergernis zijn.

Het rijden met den „beetle" is sensationeel, inzoverre dat men moet wennen aan het buitengewoon goede uitzicht op den weg; een gevolg van den afloopenden „motorkap". Tot vlak voor de wielen kan men den weg zien, wat op slechte wegen een groot voordeel is en den chauffeur in het stadsverkeer in staat stelt veel nauwkeuriger te manoeuvreeren. De mechanische remmen beantwoorden aan alle redelijkerwijs te stellen eischen. De kruissnelheid ligt tusschen 60 en 70 km; weliswaar kan het wagentje veel harder, maar dat bekort den levensduur aanzienlijk. Bij zeer intensief gebruik onder ongunstige condities dient de motor bij 10 à 15.000 km revisie te ondergaan.

De productie bedraagt thans 50 auto's per dag; daarvan gaan er 38 naar de geallieerden (voor bezettingsambtenaren, officieren, medici, journalisten) en 12 naar de Duitsche bevolking, die verdeeld worden volgens een voorrangssysteem. Het zal, in dit tempo, dus nog wel even duren voor Hitler's demagogische belofte: „iedere Duitscher zijn eigen auto" verwezenlijkt is.

KdFワーゲンをベースにドイツ版ジープを開発するというオランダでの記事。

理由は明らかである。〈KdFワーゲン〉をベースに軍用にしたジープタイプ(といっても2輪駆動のオフロードタイプ車)である〈キューベル・ワーゲン〉が製造され、レジャー用の国民向けのクルマは生産が減産されたのである。フェリーの証言によれば「実際、戦争勃発後はただの一台も市民の手に渡らなかった。われわれはキューベル・ワーゲンに専心しなければならなかったからだ」。

戦時中のフォルクス・ワーゲン工場の生産状況。

| 車種 | 1940 | 1941 | 1942 | 1943 | 1944 | 1945 | 総計 |
|---|---|---|---|---|---|---|---|
| KdF(VW) | | 41 | 157 | 303 | 129 | | 630 |
| Kübelwagen(キューベル・ワーゲン) | 836 | 4121 | 5564 | 9646 | 12824 | 4329 | 37320 |
| Funkwagen(無線車) | 125 | | 350 | 2326 | 525 | | 3326 |
| Nachrichten-W(通信車) | 24 | 176 | 1309 | 4380 | 1656 | | 7545 |
| Instandsetzungs-w(修理車) | | 306 | 1322 | 677 | | | 2325 |
| Gelünde-Limousine(雪上車) | 20 | | 21 | 423 | 120 | | 564 |
| Schwimmwagen(水陸両用車) | | | 511 | 8258 | 5507 | | 14276 |
| Kraftfahrzeug(自動車) | | | | 161 | 112 | | 273 |
| Fahrgestelle(車台) | 1 | 7 | 4 | 3 | 11 | 1 | 27 |
| 総生産台数 | 1006 | 4651 | 9238 | 26177 | 20884 | 4330 | 66286 |

単位：台

出典：Mommsen/Grieger, S1032.)

KdFワーゲン市の自動車生産の中心は〈キューベル・ワーゲン〉と〈水陸両用車〉であり、フェリーによれば「第二次世界大戦のほとんどの期間中(正しくは1945年まで)、私はフォルクス・ワーゲンのキューベル・ワーゲン、水陸両用車やその他の車両の設計と開発の責任者になってしまった」とあるように、父親に代わって、30歳のフェリーがこれらのクルマの開発製造の責任者になった。

また〈KdFワーゲン〉が1941年まで製造されていない理由として、技術的なことも関わっていたようだ。フェリーの自伝には、1939年8月の条に「外国の特許を使わずに、すべて国産品で」との指示にしたがって「VWを準備中」といっているが、これは〈KdFワーゲン〉のことを指していると思われる。「ドイツ製のパーツとコンポーネントを使用して設計せよとの制限を受けたのである。特許使用料を払わなくてはならないような外国の"ノーハウ"は使用できなくなった」ため、技術的な困難が発生したと思われる(フェリーはブレーキの例を挙げている)。

しかもドイツ敗北の1945年までに全部で630台生産された〈KdFワーゲン〉は、さっさと「ナチのお偉方」が独占し、貯金を積み重ねてきた33万余人の国民の手には、結局一台も渡らなかったのである。

## ■大戦中のKdFワーゲン市と〈キューベル・ワーゲン〉の製造

カー・デー・エフ・ワーゲン工場は、〈KdFワーゲン〉をつくる代わりに、ユンカース88型機の修理工場になったり、地雷と航空機エンジンの部品類の生産、2気筒エンジンのトラクター〈フォルクス・トラクト〉の開発生産、および〈キューベル・ワーゲン〉とそのバリエーション車の生産に携わることになった。

1937年最初のキューベル・ワーゲンプロトタイプ。

〈キューベル・ワーゲン〉[2]製作の発端は、1938年1月にまで遡る。ホップフィンガーによれば、まず最初はヒトラー直々に「フォルクス・ワーゲンをベースにした軍用車を開発せよ」との命令がポルシェにあり、直ちに陸軍兵器局の高官が正式にポルシェに接触する。その設計条件は、高価でないこと、軽量であること、平地及び

1939年キューベル・ワーゲンプロトタイプ第2号。

上のものにルーフとドアを付ける。ドアはまだキャンバスで臨時のもの。この説明にはBucket Kübelと名が付いている。

便利さから将校にも人気があった。この写真のタイプはロードクリアランスが小さい。

オフロードの最も過酷な状況に耐えること、乗員3名と機関銃1挺の重量400kgを含めて総重量950kgであること、という条件付きである。

ポルシェは早くも1938年1月20日に走行テストの準備を整え、同年2月1日にはオフロード・タイヤをつけた最初の試作車がベルリンで発表された。これがクロスカントリー・プロトタイプ〈62型〉で、1938年11月には調度隊に収められた。しかし、ポルシェはさらに改良を加え、寒冷地に強いという空冷の利点と未舗装路走行に適したサスペンションの良さを備えた〈キューベル・ワーゲン〉を完成させ、1939年9月1日のポーランド侵攻の際に実戦テストに使用された。

その結果を受けて改良が加えられ、歩兵の行進速度に合わせた4km/hの超低速ギアが装着され、オフロードの走行性能もまた向上が図られた。こうして完成したのが82型の〈キューベル・ワーゲン〉であって、国防軍に正式に採用された。

〈キューベル・ワーゲン〉は、自動車生産の準備の整ったKdFワーゲン市の工場で、1940年2月からフル操業に入った。フェリーがこの〈キューベル・ワーゲン〉製造の責任者に任命された。なお、エンジンが995ccから1,134ccに強化されたのは、1943年3月のことである。

1941年2月12日～42年11月4日までアフリカ軍団の総司令官であったロンメル将軍は、

この〈キューベル・ワーゲン〉を「砂漠の駱駝」と高く評価し、1,000台を要求したが、500台だけが引き渡されたという[3)]。

泥水の中を試験走行。キューベル・ワーゲンはタフさでは定評があった。

積雪上を隊列を組んでいく。この他酷暑の砂漠など多少の仕様変更で対処し、広範な戦線に送られた。

4輪駆動の水陸両用車は、ロシア戦線(バルバロッサ作戦、1941年6月22日開始)でその効用が認められ、1942年から生産に移り、同年(1942年)511台、1943年8,258台、1944年5,507台、総計1万4,276台が製造された。

フェリー・ポルシェはこの功績によりヒムラーから「自分の意思に反して」名誉SS隊員を押し付けられた。フェリーの自伝によれば、1943年(日時示さず)SSから水陸両用車の注文を受けた折り、SS帝国指導者のヒムラー自身がKdFワーゲン市を訪れ、2、3名の技術者と幾つかの点について打ち合わせをしていたとき、突然ヒムラーは「ところで君はSSの隊員かね」と尋ね、フェリーが正直にそうではないと答えると、直ちに副官に向かって「直ぐ手続きをしてやれ、判っておるな」と命じた。

それから数週間後、フェリーは公文書を受け取った。それはフェリーを「名誉SS将校」に任命するというものであった。断るに断れずフェリーは痛く困惑したという。ドイツ政府高官の中には、この名誉SS隊員が何百人もいたという。

## ■大戦中のポルシェとKdFワーゲン市の状況

戦時中のポルシェについて、ポルシェの伝記では極めて簡単にしか触れていない。すなわち、「もちろん戦争により、まったく違った新しい仕事をポルシェ設計事務所は引き受けた。通常のフォルクス・ワーゲンからは、軍用車と水陸両用車が開発され

戦場では修理とメンテナンスの簡便さは重要で、複雑な機構で時間をとられると命取りだがその点でもキューベル・ワーゲンはメリットがあった。

キューベル・ワーゲンの小型軽量さは空輸にも向いていた。

た。(中略)ポルシェは戦時中に戦車の設計も行った。〈ティガー〉や〈フェルディナント〉はよく知られているが、〈マウス〉はほとんど知られていない。

これは試作見本車が2台つくられただけだが、世界最大の戦車であった。18cm砲を積んだ180トンの巨大な戦車で、水深6mまでの渡渉力を有し、1900年のローネル車と同じようにハイブリッド動力を使用した。ディーゼルエンジンで発生したパワーが、車軸に取り付けられた電気モーターに送られる仕組みになっていた」。

フェリーの自伝では、上記の〈マウス〉について、次のように述べている。

「ここでちょっと、あの世界の車両技術史上初めての巨大戦車のことに触れてみたい。ただ、このマンモス戦車のマウスもノルマンディー作戦(1944年6月8日上陸)のころには、まだ未完成だったのである。しかし、1945年

続々と戦地に送られるキューベル・ワーゲン。

戦時中の写真は汚れたクルマが多い。これは修復されたもの。

第2次大戦中の名戦車とされるドイツのティガー。この開発にもポルシェは関わった。

史上例を見ない巨大戦車マウス。艤装中の姿。船でいえば大艦巨砲主義の見本のようなコンセプトだった。

完成し塗装された戦車マウス。実際に動くことはなかった。

初め頃には、このマンモス戦車マウスを2台、完全に作戦に使用できるところまで完成させていた。(中略)この戦車マウスを運ぶのに、特別な平面貨車がつくられていたのだが、この戦車マウスをその貨車に乗せるのが、これまた大変な仕事になった。これを運ぼうとすれば、もはや惨劇は目に見えていた。とどのつまり、2台の戦車マウスは、鎖につながれたライオンのように、全く行動を起こさなかった。怒りの一矢を報いるチャンスも与えられなかったのだ」

ポルシェは戦車設計製造のため、早くも1940年6月につくられた「戦車・牽引車本委員会」の議長(委員長)に任命されている。この本委員会は1942年2月18日以降は、軍備弾薬相シュペーア(1905～81)の「軍備・弾薬省」に直属する12の本委員会の一つとなる。こうしてポルシェは、戦車の設計を通じて、完全にナチの官僚支配体制の中に取り込まれてしまうのである。

ポルシェのもう一つの仕事はフォルクス・ワーゲン社の任務である。1941年7月14日

# The People's Car

YOU may believe that the Volkswagen which was exhibited at the International Motor Show, Berlin, in 1939 was really intended for the people—or, alternatively, you may hold the view that it was yet another of Hitler's carefully laid plans to provide an implement which would be useful under war conditions; anyway the fact remains that as a light aid detachment vehicle the "KdF" has been of considerable service in the field and elsewhere.

Many of these cars were captured in Africa, and the importance which the Government attaches to them can be gauged by the fact that one of them was handed over to Humbers, Ltd., with the request that they should take it to pieces, bit by bit, so that a complete report for the benefit of the British motor industry could be prepared.

Humbers have done this, and they have done it very thoroughly. The report consists of a 64-page document which covers almost every nut and bolt of the "KdF," moreover, it is accompanied by a large number of excellent technical drawings and photographs.

The mystery and speculation about the People's Car have, to some extent, gifted it with magical properties. It would perhaps be as well, therefore, if we dispelled the idea right away by quoting the actual words used by the Engineering Department of Humber, Ltd., in their summing up:—" Looking at the general picture, we do not consider that the design represents any special brilliance, apart from certain of the detail points, and it is suggested that it is not to be regarded as an example of first-class modern design to be copied by the British industry."

An interesting point is that the vehicle examined differs from the peace-time Volkswagen only in the following respects. The saloon body is replaced by an entirely new open-type tourer seating three, which has obviously been designed to suit its military function. Hub reduction gears have been added, and the tyres and wheels are of special design. The result is a top gear ratio of 4.98 to 1, a third of 7.75, and a second of 12.83 and a bottom gear of 22.32 to 1.

The chassis is virtually of the backbone type, but the backbone itself is semi-tubular and is extended to form the main floor (of sheet metal) of the vehicle. The fabrication employs a number of box section members, and it is interesting to discover that approximately 100 lb. of sand was found stored away in the vehicle, some of which had accumulated in the hollow box section members.

As a final summing up, we may again quote from the official observations of the Humber Engineering Department (who, by the way, acknowledge the help they received in their examination from Joseph Lucas Ltd., the Pressed Steel Co., Ltd., and the Dunlop Rubber Co., Ltd.). " In spite of the assumed freedom of the designer and the unconventional vehicle produced, little or no special advantage has been obtained in production cost, neither does it appear that any improvement in performance or weight compared with the more conventional type of vehicle known in this country has been achieved. . . A study of the engine indicated that the unit was, in certain details, most inefficient."

As tobacco is scarce in Germany, Dr. Porsche, the designer, can put that in his pipe and smoke it.

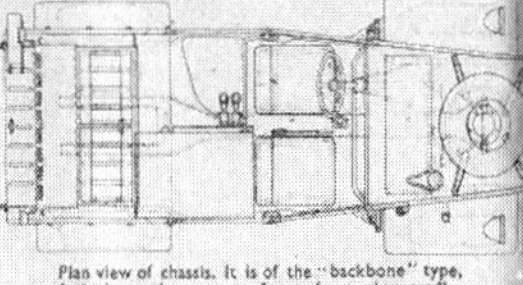

Plan view of chassis. It is of the "backbone" type, forked at the rear to form the engine cradle. Independent springing by torsion bars is used all round. The wheelbase is 7 ft. 10 ins., the track is 4 ft. 6⅜ ins. at the front and 4 ft. 7⅛ ins. at the rear.

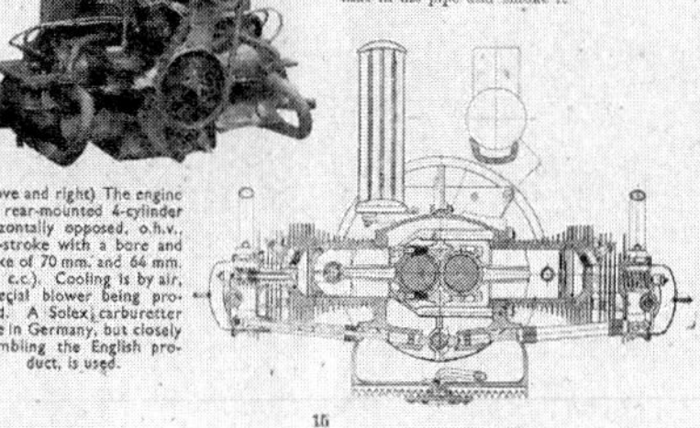

(Above and right) The engine is a rear-mounted 4-cylinder horizontally opposed, o.h.v., four-stroke with a bore and stroke of 70 mm. and 64 mm. (985 c.c.). Cooling is by air, a special blower being provided. A Solex carburetter made in Germany, but closely resembling the English product, is used.

14

15

英字紙で詳細に取り上げられたキューベル・ワーゲン。エンジンなどは外観上VWと変わりあるようには見えない。タフで便利だったため連合軍に接収され、下の写真のようにMPや占領期のパトロールに使われた。前出の表のようにKdFワーゲンの工場では乗用車はほとんど生産されず、クルマといえばこのキューベル・ワーゲンの生産だった。

eine Sparkarte auf einen Volkswagen für ihn anzulegen. Was gäbe es für einen Soldaten, der während des ganzen Krieges mit seinem kleinen wendigen Wagen verwachsen ist, für eine schönere Vorstellung, als auch in Friedenszeiten in der Heimat so mit diesem Wagen verbunden zu bleiben, sich auch dort so schnell, sicher und unbeschadet auf schlechten Wegen, in Frost und Hitze fortbewegen zu können. *Denn gegen Frost und Hitze ist der Volkswagen gleichermaßen unempfindlich durch seinen luftgekühlten Motor.* Es gibt im heißen Afrika kein Kühlwasser, das in unbekömmliche Wallungen gerät und auch im kalten Osten keines, das gefriert und den Wagen vielleicht mitten im Kampf zum Stillstand verurteilt. *„Ja, auch im Osten steht er seinen Mann!"* So kann man getrost sagen bei diesem Wagen, der für den Soldaten ein richtiger Kriegskamerad geworden ist. Es gibt kaum eine Geländeschwierigkeit oder Unbill des Winters, die er nicht überwinden müßte und auch überwindet.

*„Meine persönlichen Erfahrungen mit dem Wagen sind ziemlich die umfassendsten, die man machen kann"*, schreibt einer der Kämpfer im Osten. *„Hier spricht man von Wegen und meint damit Wagenspuren durch knietiefen Staub und über Löcher und Höcker hinweg. Hier spricht man von Straßen und findet Schlaglöcher in solcher Lage, daß es unmöglich ist, sie zu umgehen. Das sind schwere Anforderungen hier an Fahrer und Fahrzeug. Ich habe so oft den Bruch der Achsen oder des Gestänges erwartet, wenn ich selbst vermeinte, müsse von den harten Schlägen auf die Räder. Der kleine wendige Wagen aber ertrug sie widerstandsfähig wie ein schwerer Wagen."*

Bei solchen Erfahrungen im schweren Gelände schlägt dem Soldaten das Herz nicht nur in militärischer Hinsicht höher. So mancher, der, ehe er den Soldatenrock anzog, Bauer oder Straßenarbeiter war, freut sich, daß er später einmal mit dem braven Wagen Gelände-

schwierigkeiten in unbebauten Gegenden der Heimat ebenso schnell und sicher wird befahren können. Der hohe Radstand, der hier so manchen grundlosen Sowjetmorast überwinden ließ, wird auch in der Heimat bei aufgeweichten Wegen und schlechtem Wetter oder auch im dicken Schnee des Winters ihm eine Hilfe sein.

Das aber, was die Soldaten an der Front mit dem Volkswagen erleben, hören auch die Sparer in der Heimat, und sie wissen es auch aus eigener Überlegung. Wenn sie auch schon vor dem Kriege „ihren" Volkswagen als vollausgereiftes Modell erwartet haben, so wissen sie jetzt, daß nach solcher unvergleichbaren Bewährung ihnen im Frieden ein Wagen in die Hand gegeben wird, der das Endergebnis aller nur möglichen Erfahrungen und Verbesserungen ist, die überhaupt einem Wagen mitgegeben werden können, und an dessen Verbesserung nicht nur die *Forschungsstätte im Volkswagenwerk*, sondern auch alle die Soldaten an der Front mitgeschafft haben.

Niemand hat das wohl mit so überzeugender Zuversicht und Siegesgewißheit ausgesprochen wie jener Oberleutnant, dessen Brief wir auf dieser Seite im Original wiedergeben, der aus der Kriegsgefangenschaft in Kanada an seine heimatliche Sparkasse den Auftrag zur Bestellung eines Volkswagens gibt. *„Die Lieferung des Wagens soll ab Werk erfolgen, wo ich ihn selbst nach meiner Rückkehr abhole."*

**Kann man in wenigen Worten und sozusagen zwischen den Zeilen mehr aussprechen als in diesem Satz? Darin liegt jenes Bild beschlossen, das jeder Volkswagensparer für die Zukunft vor Augen sieht: ein eigener Volkswagen und eine Fahrt durch Berge, Sonne und Seen der schönen deutschen Heimat. Vorerst aber ist auch der Volkswagen, genauer gesagt: der KdF.-Wagen, „zum Heeresdienst einberufen".**

*Dr. Hauer*

1942年ポルシェタイプ166。４輪駆動＋スクリューの水陸両用車。VWをベースに開発されており、陸上水中とも前輪が舵となる。後年のポルシェ社では、当時のベストのオール・テライン・ビークルだと自賛している。通称シュヴィム・ワーゲン(泳ぐ車)。

修復後のシュヴィム・ワーゲン。1942~44年までKdFワーゲン工場でつくられた。

にはフォルクス・ワーゲン有限会社は、モムゼンによれば、従来の監査役会・取締役会体を廃止し、ポルシェ教授博士・ラフェレンツ博士・ピエヒ博士[4]の三人のトップからなる業務統率体制となり、また、ポルシェは営業管理も兼務していた。しかし、ポルシェは業務をピエヒに任せることが多かったようである。

尾部に付くスクリューは、通常陸上では上に跳ね上げる。

## ■グミュントへの疎開(1943年9月)

KdFワーゲン市は、1940年に初めて爆撃を受けた。この都市では、1943年には1万2,000人の、1945年には1万7,000人の外国人労働者が働いていたが、爆撃による被害はなかった。連合国側は多くの外国人労働者が働いていることを知っていたので躊躇したという。フェリーは1.5万～2万人の外国人労働者が働いていたと述べ、ホップフィンガーは、一番先にここに連れて来られたのはポーランド人で、次いでフランス、ベルギー、オランダ、デンマーク人が、さらにロシア、ユーゴ、ギリシャ人が、1万1,000人以上、強制労働に服していたと述べている。

しかし、同市はそれ以後、何度も激しい爆撃を受けるようになった。1943年4月8日には三波に及ぶ数千発の空爆を受け、工場の火災は数日間続いた。これに続く3週間も、小規模な空爆が続いた。1944年末までに工場の65%が灰燼に帰し、73名が死亡したが、主要な組み立て機械は無事で、生産が完全に停止することはなかった。

シュトゥットガルトへの空爆が激しくなって、1943年になると、軍部からは機械類と技術者とをチェコスロバキアに移転するよう命じられた。ポルシェ父子は、祖国チェコスロバキアの対ドイツ人感情を憂慮して、チェコを避けたかった。

ザルツブルクにいたある高官に相談すると、好意的に別の空いている候補地を紹介してくれた。一つはツェル・アム・ゼーのフェリーの農場(フェリー夫妻の新居である)に隣接する元グライダー飛行学校、もう一つはグミュントにある元製材所である。グライダー飛行学校はだだっ広くて何の遮蔽物もなく、グミュントの方が空爆から安全と判断して、ここに決定した。

1944年ポルシェ社はオーストリア・ケルンテルン州のグミュントに移転疎開した。山に囲まれたひなびた雰囲気で少なくとも空襲からは安全な地と思われた。

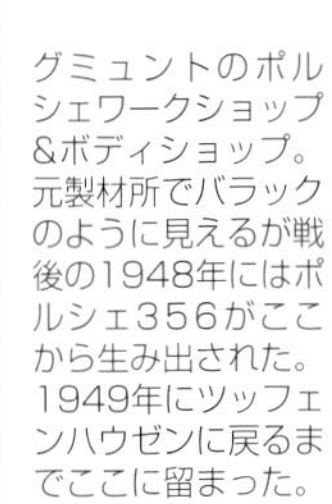

グミュントのポルシェワークショップ&ボディショップ。元製材所でバラックのように見えるが戦後の1948年にはポルシェ356がここから生み出された。1949年にツッフェンハウゼンに戻るまでここに留まった。

1944年9月には、戦時下で、シュトゥットガルトから遥か遠いグミュントまでの移動は至難を極めたが、ポルシェ父子はシュトゥットガルトの機械類と従業員ともどもここに疎開した。

グライダー飛行学校に隣接している、ツェル・アム・ゼーのフェリーの農場は、広大な面積があった。全敷地の面積が741エーカー、建坪が124エーカーあり、ポルシェ事務所の従業員とその家族は農作物をつくって、自給自足体制を敷いたようである。またグミュントの元製材所は、ツェル・アム・ゼーにあるフェリー夫妻の自宅(元グライダー飛行学校跡の隣)から一山超えた、東南の方角、直線距離で80kmほど離れたところにあった。そして、このグミュントからさらに東方直線距離で100kmほどのヴェルターゼーには、ポルシェがドイツ芸術科学国家賞の賞金で購入した別荘がある。ポルシェ父子と、ラーベを筆頭とするポルシェ設計事務所の全員300人は、ここグミュントとツェル・アム・ゼーでドイツの終戦を迎えることになる。

## ■第二次世界大戦の勃発から終焉まで

1939年9月1日午前4時40分、宣戦布告がなされないまま、ドイツ空軍がポーランドのヴィエルニ市(ビエルン)を空爆してその街の75%を破壊し、市民1,200名を殺害した。5分後の午前4時45分戦艦シュレスヴィヒ・ホルスタイン号はダンチヒ自由都市郊外のヴェルステルプラッテの要塞に砲撃を加えて、これを制圧した。同日、ドイツ軍は南北西の3ルートからポーランド国境を越えてワルシャワを目指して侵攻した。第二次世界大戦の始まりである。

戦争の経過を、ここでは、次の3期に分けて簡潔にたどることにする。

1939年ポーランド侵攻前に独ソ不可侵条約締結。ヒトラーとスターリンはポーランド分割を密約する。

・第1期(1939年9月1日～41年6月22日)電撃戦によるポーランド侵攻から独ソ戦開始まで、ヒトラー・ドイツのつかの間の最盛期である。1940年4月から5月、ノルウェー、オランダ、ベルギーを占領。40年6月10日イタリア、英仏に宣戦布告し、9月13日イタリア軍はリビアからエジプトに侵入する。40年6月14日にはパリが陥落し、6月22日独仏休戦条約が調印され、和平派フランス政府(フィリップ・ペタン元帥)は40年7月2日ヴィシーに移り、ロンドン亡命のドゴール将軍の自由フランス(40年6月18日設立)と対峙。40年9月27日、日独伊三国同盟の成立。40年10月から11月、ルーマニア、ハンガリー、スロバキア占領まで、電撃戦の成功期である。さらに、イギリスを牽制するため南方戦線が行われ、1941年4月23日ギリシャ占領。この間対ソ戦準備が進められている。

・第2期(1941年6月22日～1943年2月2日)独ソ戦開始からスターリングラードのドイツ軍降伏まで。ヒトラー・ドイツのつかの間の最盛期が続く。1941年6月22日、ドイツ軍は突如無警告で対ソ電撃戦を開始、3か月ほどで大勢を決するはずの作戦が挫折、モスクワ近郊まで迫るも冬将軍と赤軍の果敢な抵抗にあい長期戦となる。1942年1月18日ハイドリヒ・アイヒマンらナチ指導者はベルリン近郊のヴァンゼー会議で「ユダヤ人問題最終解決」のため、1,100万の欧州ユダヤ人の殺害を決定した。北アフリカ戦線は、イタリア軍救援のため1941年2月12日ロンメル将軍がリビアに到着、1942年11月4日第2次エル・アラメインの戦いで、イギリス軍のモントゴメリー将軍に初の大敗北を喫し

1944年6月連合軍ノルマンディー上陸。

総退却するまで「砂漠の狐」と連合軍に恐れられた。アジア戦線では、1937年7月7日盧溝橋事件で日中全面戦争が始まる。1941年10月18日には東条英機内閣が成立し、直ちに1941年12月8日、ハワイの真珠湾攻撃が敢行され、太平洋戦争に拡大、欧州とアジアを巻き込む世界大戦となる。

1945年4月帝国議会議事堂にソ連の国旗が掲げられる。

・第3期(1943年2月2日～1945年8月15日)1943年2月2日スターリングラードにおけるドイツ軍の降伏はヒトラー・ドイツの敗北の序曲であり、1943年7月25日ムッソリーニ首相の失脚・逮捕はファシスト・イタリアの崩壊である。1944年6月6日の連合軍のノルマンディー上陸作戦が成功し、1945年2月4日(～11日)には、米英ソのヤルタ会談で対独戦後処理とソ連の対日参戦を決定する。1945年4月30日ヒトラー自決、1945年5月8日ドイツ軍、連合国への無条件降伏、1945年8月15日、日本の無条件降伏で第二次世界大戦は終わる。

第二次世界大戦は、都市への無差別空爆、ユダヤ人虐殺、空前の犠牲者数、総力戦としての民間人の戦争動員、技術力・科学力の兵器開発への大々的転化、戦後の国連体制樹立への萌芽、資本主義と社会主義対立の萌芽といった特徴を持ち、第一次世界大戦とは大きく異なった特色を持っている。

## ■「元フォルクス・ワーゲン貯金者救済同盟」裁判(1948～1970年)

1941年11月までに、〈KdFワーゲン〉購入積立の支払い完了者は6万人、請求者は14万人に達した。1944年末までに33万6,638人が貯金を続け、貯金額は2億6,786万ライヒスマルクに及んだ。しかし、開戦・軍用車製造という状況で、〈KdFワーゲン〉は、貯金者には1台も渡らなかった。戦後、この貯金者の中から諦め切れない人たちが裁判を起こす。この〈VW〉訴訟は、戦後のことに属するが、ここで触れておく。

マルスベルクのカール・シュトルツは、1948年10月7日「元フォルクス・ワーゲン貯金者救済同盟」なる組織をつくり、「この大衆の乗用車のハンドルを握っているのは誰だ？」、「かつてのフォルクス・ワーゲン貯金者ではない」との明快な解答を引き出した。1949年にはこの組織の会員は1,000人ほど、1951年には3,000人に達した。

カール・シュトルツとルドルフ・マイスナーなどの原告は連名で、著名な弁護士ゲラルト・リヒターの指導の下に、VW社を相手取って、「〈フォルクス・ワーゲン〉車引き渡しの訴訟」を開始する。以下、その経過を示すと、

①1950年1月19日、ヒルデスハイム地方裁判所は「契約の基礎は消滅している」との理由で、原告の訴えを却下した。

②ツェーレの控訴裁判所は、原告の訴えに対し、地裁の判決を支持し、この件を却下した。原告は最高裁に上告する。

③1951年10月16日、カールスルーエの最高裁判所は「控訴裁判所は原告、被告の関係について判決すべきである」として、控訴裁判所に差戻した。

④1954年1月4日、控訴裁判所の判決が出た。「VW社は契約の当事者である」と。そこで今度は、VW社が異議を唱えて最高裁に訴えを持ち込んだ。

⑤1954年12月21日、最高裁の判決が出る。法廷内は超満員で、人々の関心の大きさを示した。「原告と被告とのあいだには、いかなる意味でも〈KdFワーゲン〉車に関しての契約は存在しない」という判断が下された。

⑥原告側は「〈VW〉車引き渡し請求訴訟」が上手く行かないとみて、別件にて再度訴訟を開始する。「旧会社は、一時期ドイツ労働戦線と同一立場に立っていたから、結局、新会社にも債務を果たす義務がある」とツェーレ控訴裁判所に訴えた。1955年10月、判決が出た。「戦争による損害に対する責任は戦後も引き継がれるという法律による一般的解釈が下されるまでは、この問題に対する判決は出せない」と訴えを却下した。

⑦VW社は、決着を着けるべく、大胆な妥協案を提示した。「VW社では製造原価以下の値段でフォルクス・ワーゲンを売らなければならない場合に備えて、資金を投資にまわさず温存しておかなければならない不安定な立場に追い込まれた。そこでノルトホーフは攻勢に転じ、当事者間についての明確な判決を求めた」のである。つまり、購入希望者には500マルクの値引き、購入を希望しない者には250マルクの補助金を出すという譲歩を示したのである。しかし原告側はこれを受け入れず、最高裁に「1955年10月に行われた控訴裁判所の判決は無効である」と上告する。

⑧1958年12月9日、最高裁判決は「控訴裁判所は戦前ドイツ労働戦線とVW社とのあいだに代表権に関し意見の一致があったかどうかを究明すべきである」と差戻した。この頃から一般報道は積立者(原告)に対する同情心を失っていく。VW社が、最大限の譲歩をしたと理解したからである。

⑨1961年10月、最高裁の4度目の最終判決が出た。VW社は、新車1台につきスタンプ数により150から600マルクの値引きをするか、あるいは現金で25～100マルクを払い戻すこと。

⑩1970年末には、この件は一部の解決がついた。すなわち、戦前の契約者12万572人の

1944年、既に敗色濃厚の中で石炭ガスエンジンのキューベル・ワーゲンとKdFワーゲンがつくられた。下の写真はボンネットの膨らんだ上から石炭を入れているところ。

うち、6万7,164人が現金での払戻しを受けた。残りの人たちは新車の割引を受けた。VW社の支払った元金は630万マルク、新車の割引は2,690万マルクに及んだ。積立者(33万6,638人ではなくて、12万572人のことと思われる)の93%が最大限の払戻しと割引を受けていた。こうして22年間に及ぶドイツ最長の裁判事件は終わった。

VW社は莫大な支出を強いられたが、この決断によって〈フォルクス・ワーゲン〉の売れ行きは、かえって増大する。VW社戦略の勝利である。こうして戦時中の貯金者33万6,638人のうち12万572人が報われた。ただしまだ、21万余人の貯金者がこの恩恵に浴していない。戦争の混乱の中で行方不明になったり、死亡してしまった者が、この数字であろうか。

註

1)ペーター・コラーPeter Koller。コラーは戦後の一時期ソ連の捕虜収容所に収容され、後ベルリン工科大学の教授、1996年5月2日ヴォルフスブルクで病没。

2)ドイツ語のKübel(桶・バケツ)は、フランス語のbaquetに対応する。初期の飛行機の操縦席cockpitをフランス語でsiège baquetと呼び、英訳してbucket seat、独訳してKübelsitzと呼ばれた。今日ではsiège baquetは「バケットシート(スポーツカーなどの)」である。

〈Kübelwagen〉については、このクルマの開発中に、フェリー・ポルシェが、このバケットシートを載せたシャシーだけのクルマで試運転を繰り返していたので、〈Kübelsitzwagen〉と呼ばれるようになった。後にその座席が用いられていなくても、〈KdF-Wagen〉から派生した車種はすべて〈Kübelsitzwagen〉と呼ばれるようになったが、たちまちのうちにSitzが無くなり、〈Kübelwagen〉と呼ばれるようになったらしい(スロニガー55頁)。車体そのものが四角い桶Kübelのようであったからそのように呼ばれたという説もあるが、間違いのようだ。

3)ロンメル将軍については、ホップフィンガー133頁。なおスロニガーによれば、この〈キューベル・ワーゲン〉は、1940年12月20日には丁度1,000台目の〈キューベル・ワーゲン〉を完成させている。また、スロニガーによれば、ポルシェはこの〈キューベル・ワーゲン〉のほか〈KdFワーゲン〉の改良にも努め、例えば、1941年半ばころには、これらのクルマを船でリビアまで運んで過酷な走行テストを行い、また同年8月には、すでにドイツの占領下にあるハンガリー・ルーマニア・スロバキア・ユーゴスラビア・ギリシャなど1万3,000kmに及ぶ走行テストも行われ、トーションバーやフロント・アクスル・キャリアの強化の必要性を認識している。これらの占領地で〈キューベル・ワーゲン〉や〈KdFワーゲン〉を使用する場合、部品の交換が極めて困難と予想されるので、これらのクルマの品質を、あらかじめ高めておこうとの配慮である。

4)Anton Piëch(1894-1952)はウィーン生まれの弁護士。1927年にポルシェの長女ルイーズと結婚。ピエヒは1933年5月からオーストリアNSDAPの登録済みの非公式党員で、1938年7月2日にはドイツ帝国国民のNSDAPとなる。1942年末にはSS入隊を申請した。

# 第8章 ポルシェの晩年とその死

## ドイツ連邦共和国期 Porsche〈Abend＋Tod〉

1945年5月7日午前2時41分、ランス（フランス、シャンパーニュ地方）の連合国遠征軍総司令部において、連合国軍司令長官ドワイト・アイゼンハワー元帥（1890～1969）とドイツ国防軍作戦部長アルフレート・ヨードル将軍（1890～1946. 10. 16絞首刑）とのあいだに、無条件降伏文書が調印され、翌5月8日23時01分、すべての戦闘が停止した。

1945年5月8日（モスクワ夏時間では5月9日未明）、ベルリンのカールスホルストに置かれたソ連軍司令部で、ゲオルギー・ジューコフ将軍（1896～1974）と、国防軍最高司令官のヴィルヘルム・カイテル（1882～1946. 10. 16絞首刑）、陸軍代表ハンス・ユルゲン・シュトゥンプ大将、海軍代表のハンス・ゲオルク・フォン・フリーデブルク大将とのあいだに、無条件降伏文書が調印された（ソ連側の強い要求で再度、同じ調印儀式が繰り返された）。

国内の戦場化とヒトラーの焦土作戦によって、ドイツの破壊は惨憺たるものとなった。グローセルによれば、大都市で無差別爆撃を受けない都市は一つもなかった。フランクフルトでは17万7,000戸のうち残ったのはわずか4万4,000戸、ニュルンベルクでは無傷の家は10％に満たず、ハンブルクでは53％が破壊された。橋という橋は幹線道路から村道に至るまでことごとく爆破された。ドイツ内部の農村を除いて、自分の家に住

ドイツ敗戦後、工場から接収したVWを列車で運ぶフランス軍。

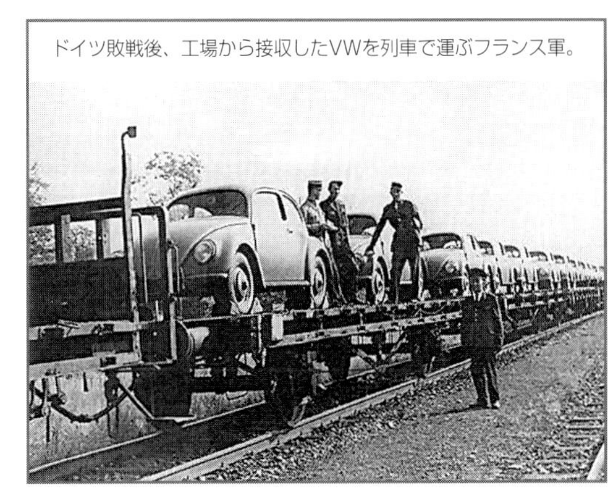

んでいる者はほとんどいなかった。何百万人もの都市住民が空襲を受けて疎開し、何百万人かはソ連軍の攻撃を受けて西に逃げ、また西側連合軍に追われて東に逃げる者もあった。165万人が戦死し、200万人が捕虜となり、160万人が行方不明となった。食料の供給も輸送機関も極度に混乱し、郵便は途絶え、新聞も行政機関も存在しなくなった。

この混乱の中に、何百万人ものドイツ人が、中部および東部ヨーロッパから追放されドイツに流れ込んできた。何世紀も前からズデーテン地方に住んでいたドイツ人は、チェコスロバキア政府から、24時間以内に30kgの荷物をまとめて出発するよう命令され、およそ300万人が追放された。飢えと寒さの中での大量輸送と強行軍で、20万人以上が死亡した。

## ■ポルシェ父子の第1回目の拘束・尋問

ツェル・アム・ゼーの広大なフェリーの家には、ポルシェ父子と社員の家族が住み、グミュントにはラーベが中心となってポルシェ設計事務所を維持していた。1944年暮れ、ドイツの敗色が濃くなり、そのうえポルシェが胆嚢炎で倒れ、ウィーンの専門医の精密検査見の結果、しばらく静養が必要との診断を受け、寂しいクリスマスを送った。

1945年の正月になって、経済相・帝国銀行総裁のワルター・フンクがツェル・アム・ゼーに療養中のポルシェを訪ねて、お別れの挨拶に来た。ポルシェとは「お前・わし」の親しい仲である。フンクは「ドイツもお仕舞いだ、もちろんわしもだ」と意気消沈して帰っていった。

1945年5月8日、ドイツが無条件降伏して以後、いちばん先にグミュントにやってきたのは、ホップフィンガーによれば日時を示さずに、イタリア戦線から北上してきた英国軍で、二人の歩哨をおいて、重要人物ポルシェ「博士の家」を監視したという。他方フェリーは、日時を示さずに、ツェル・アム・ゼーにはまず米軍戦車隊がなだれ込んできたという。

ポルシェ父子たちがツェル・アム・ゼーにいることを知って、シュトゥットガルトから、米英の将校二人の調査官が護衛兵を連れてやってきた(日時不詳)。トール・フランゼン少佐と、英軍のG・C・リーヴズ中佐である。幸運なことにフランゼン少佐はポルシェの1936年訪米時のクライスラーの技師で、ポルシェと旧知の友であったことであり、かつリーヴズ中佐も大のレースファンでポルシェのことをよく知っていた。

彼らは「機械類の設計図、その他の資料」の提出を求め、尋問はグミュントでも行われた。フェリーはこの尋問は極めてあっさりしたもののように書いているが、ホップフィンガーによれば、ポルシェに対しては、諜報将校、技術将校などの特別調査団のスタッフが入れ替わり立ち代わり、ポルシェが戦時中何をしていたか詳細に尋ねたようである。それに対してポルシェは正確に、正直に、協力的に話した。尋問調書はかなりの量に上ったようだ。7月29日には調査尋問も終わり、フェリーはツェル・アム・ゼーの自宅に、ポルシェはグミュントの設計事務所に戻った。

オーストリア山中ツェル・アム・ゼーはその名の通り湖畔の小さな町だったが現在は多くの人が訪れるリゾート地だ。またポルシェ社の子会社で今や世界的なブランドであるポルシェ・デザインのスタジオもある。

1945年7月29日、連合軍の尋問が終わって、フェリーは、ピエヒ、コメンダらとともに、ツェル・アム・ゼーに集まっていたようである。ところが、この尋問が終わるのを待っていたかのように、その翌日の7月30日、ホッとする間もなく、フェリー、ピエヒ、コメンダらポルシェ設計事務所のメンバーが逮捕された。容疑は、はるか離れたKdFワーゲン市(ヴォルフスブルク)の殺人事件で、以前ポルシェが宿泊所にしていた同市のコテージで二人の死体が発見されたというのである。空き家の死体・殺人事件、こうしてポルシェ社に関わりある者が容疑者とされたのである(ポルシェは老齢であることを理由に免除された)。これが主要容疑であるが、ついでに戦時中のナチスとの関係も尋問されたようである。

まずフェリーは、米軍に逮捕され、この(30日)晩は、ツェル・アム・ゼーの消防署に留置された。翌日はザルツブルクに移送されて、近くのラインデル村のひどく不衛生な監獄に6週間拘禁され、1945年9月初めには、米軍の調査官から尋問を受けた。SS隊員か、あるいはSA隊員であったのか聞かれて、フェリーは「彼らともぜんぜん関係ありません」と断言し、戦時中は何をしていたかとも尋ねられ、「私は自動車の技師で、ポルシェ社で働いていた」と答えた。戦車やキューベルワーゲンについて聞かれたらと心配したが、尋問は、そこまで掘り下げてなされなかった。

フェリーはその後さらに、ザルツブルク近くのグラッセンバッハ収容所に移送され、ここに、さらに7週間拘留されることになる。

## ■ポルシェ第1回目の逮捕(1945年8月)

ポルシェ設計事務所に災難が続く。フェリーらの逮捕の直後、今度は、ポルシェが連行された。1945年8月初め、グミュントにいたポルシェは、米軍によってフランクフルトに連れて行かれた。尋問の疲れも取れぬうちの、有無を言わせぬ続けざまの連行である。それでも丁重に扱われて、フランクフルトから15km離れたクロンベルク城の重要戦犯容疑者の収容所に、軍需戦時生産相アルベルト・シュペーア[1)]らと一緒に収容されてしまう。ポルシェ(1875年9月3日生)は、70歳の誕生日の1か月ほど前のことである。

ここでの連合軍調査委員会の席上で、シュペーアはポルシェとフェリーとを次にように弁護したという。

> 「ポルシェ教授はまったく政治には無関心な人でした。最後までナチスの制服を着用しなかったし、また何の組織にも加入したことはありません。もし仮に何かのメンバーだったとしても、彼の意思からではありませんでしょう」

フェリーについても「ポルシェ教授はもちろんですが、あの息子も同じように、ナチスの息のかかった団体に一度も加入申込みさえしたことはありませんでした」と言及している。

フェリーは上記のようにシュペーアの言葉を引用して、シュペーアが「彼が知っている事実を述べたにすぎない」といって「好意的」に書いている。

ポルシェは、1945年9月11日に無事釈放された。この間の事情をポルシェの伝記作家は、日時を記さずに、次のように伝えている。

> 「シュペーアの語るところによれば、政治と全く関わりがなかったのだから、ここに収容するのは無理だとして、ポルシェは丁重に扱われ、多少の自由が許された。数週間後、彼はツェル・アム・ゼーに戻るよういわれた。帰路の途中、彼は昔から勤めていたお抱え運転手とシュトゥットガルトを通った。それは、ツッフェンハウゼンにある自分の工場を見たかったからに他ならない。工場は残っていたが、もちろん進駐軍(米軍)によって差し押さえられていた」

フェリーの英文自伝には、1945年9月11日の日付のある「米国国務省高等弁務官補佐機関団」の交付した「関係者各位に」と題した書類のコピーが載っている。ポルシェの無罪放免を証明する公式文書である。それによると、

> 「フェルディナント・ポルシェ教授は、『兵器』開発のかどで特別拘留収容所dustbinに拘留されているが、この開発はすでに終わっており、被拘留者は、したがって、フランクフルトにおいて釈放されることになった。彼は、彼のクルマで運転手とともにこの尋問の場所からグミュント及びツェル・アム・ゼーへの旅行が許可される。そこで彼は連合軍政府のために、彼の仕事を継続することができる」

とある。こうしてポルシェは無罪放免となって、グミュントでもツェル・アム・ゼーにでも戻って、もとの仕事に従事しても宜しいということになった。

1945年4月ポツダム会議後の記念撮影。連合軍各国内の駆け引きは既に始まっていた。

ところで、1945年9月11日にフランクフルトで釈放されたポルシェは、直ちに息子たちの救出に全力を尽くす。ポルシェはこのとき、70歳の誕生日を迎えたばかりであったが、打ち続く苦難に屈することなく、超人的な活動を開始する。

ポルシェは、釈放されたばかりのフランクフルトの英軍当局に訴え出て、ウィーン駐留の米軍に働きかけて、ポルシェ社の社員たちは殺人事件に関与していないから釈放して欲しいと要請した。フェリーの言葉によれば「父の努力は並大抵のものではなかったようだ。何しろ、英軍当局にわれわれは無罪だと主張し、(英軍に)米軍を説得させたのだから、その努力と説得力は並みのものではなかったはずだ」。この件は「でっち上げの事件」ということになるが、終戦直後の混乱の中で、結局は「迷宮入り・真相不明」となったようだ。ともあれ、ポルシェの努力によって、フェリーら「ポルシェ社の小集団」は、11月1日朝には無事釈放された。1945年7月30日から45年11月1日まで、15週間弱の拘禁・尋問であった。

## ■フランスの国民車をポルシェに依頼(1945年11月)

「1945年11月に入ると間もなく」、ポルシェ社の面々が釈放された直後、グミュントのポルシェ設計事務所に、ドゴール臨時政府の工業生産相のマルセル・ポール[2)]の代理人と名乗るルコント中尉がやってきた。

ポルシェはツェル・アム・ゼーにいたので、フェリーが応対した。フェリーは中尉からやや突っ込んだ話、つまり「ヴォルフスブルクのドイツ労働戦線の命令のときと同じように、わが社の設計および作製によるクルマと同種のものをフランスで生産するのを父が協力してくれるかどうか」をも打診してきたのだ。

フェリーの見るところ、フランス側の要求、つまり工業生産相の真の意図は、二つあった。一つは戦争による賠償金としてヴォルフスブルクのフォルクス・ワーゲン工場を接収したいということ、もう一つは、接収の上でヒトラーが発足させた〈VW〉計画は戦争で実現しなかったのだから、今度はフランスで「真の国民車」を生産したい、ついてはポルシェ博士の協力を望みたいという要求である。

フェリーは父ポルシェに相談すると、ポルシェは、この計画が「どんな形態で進行するのか」一抹の不安を持ったようであるが、ともかくバーデンバーデンに行ってフランス側と交渉してみたらどうだろうかとフェリーに言った。「私は父の考えに賛成した」。

それからほどなくして、フェリーはバーデンバーデンに赴いた。二人のフランス軍中佐トレーヴとメッフル、および数名の文官に会った。ホップフィンガーによれば、彼らとの会談は和やかで、とても一日では終わらなかった。会談の結果「父の出席がどうしても不可欠」ということが分かり、フェリーとルコント中尉は(1945年)11月8日頃、ツェル・アム・ゼーに戻った。「私はすぐに父にフランス軍中佐たちからの伝言を話した。父も彼らの要請どおりにバーデンバーデンに出向くことにした。だが、このときの父の決意は、おそらく生涯中で最大の不幸を招くことになったのだ」

ポルシェはこれまでに言及してきたように、まずスターリンのソ連政府から国家建設家の依頼を受けて結局辞退した。次いでワイマール最期の政権シュライヒャー政権には自動車産業振興策を提言(無視されたが)した。さらに、ヒトラーの政権には国民車の建言書を出し、ヒトラーに協力した。そして、懲りもせずに、またドゴールの臨時政権に、自己の工学のアルカディア(最善のクルマの開発)実現のために手を結んだ(あるいは手を結ぼうとした)。

もし、ポルシェがドゴール政権の要請に応じなければ、ポルシェの長期にわたる投獄はあり得なかったであろう。ポルシェは、自己の夢が実現できるなら、相手は誰であっても良かった。自分を認めてくれて、その技術力を発揮させてくれるなら、シュライヒャーであろうとスターリンであろうとヒトラーであろうとドゴールであろうと、相手の政治的立場などいささかも関係なかった。ホップフィンガーは指摘している、「ポルシェの最大の喜びは、考え、描き、作ることであった」と。

1945年11月16日、ポルシェ、ピエヒ、それにフェリーの従兄弟であるヘルベルト・ケース[3]は、バーデンバーデンに向かった。まさに「工学のアルカディア」の運命の糸に導かれるように、ポルシェはまだ戦塵も収まらない「敵国」フランスでの〈フォルクス・ワーゲン〉の夢の再実現に引き寄せられていき、フェリーのいう「生涯中で最大の不幸」を自らの決断で招き寄せるのである。

ポルシェは、バーデンバーデンのミュエール・ホテルでフランス側と会談に入った。フランス側は、マルセル・ポール大臣の意向として、まず〈KdFワーゲン〉工場(ヴォルフスブルク工場)の半分はフランスが接収すること、時機を見て工場の機械・工具類をフランスに移転させること、場所は目下検討中であるが政府は国営自動車工場を建設する予定であり、ついてはポルシェ社に移転や機械類の搬入の監督と自動車生産への協力を願いたいと語った。

フランス側は、熱をこめて、できたらこの場で契約書に署名をいただきたいともいう。ポルシェは、かつてドイツ労働戦線の依頼を受けたときと同じ方法で計画を推進できると考えて、一応承諾の意を示した。しかし、すぐに署名しないで、いったん、ツェル・アム・ゼーに戻ることにした。

夕暮れのヴォルフスブルク・KdFワーゲン工場。ここも戦後には連合国の駆け引きの舞台となり、フランスは接収を狙った。

フランスにおける国営の自動車工場の建設案は、下文に述べるように、ドゴール臨時政府の基本政策である基幹産業国有化政策の一環であって、マルセル・ポール工業生産相がその任に当たっていた。ポールは1945年11月21日改造ドゴール政府に入閣し、この国有化政策を強力に推し進めていた。仏英米の3か国会議でも、ポールは、戦争による賠償金としてKdF(フォルクス)・ワーゲン工場をそっくり接収したいと強硬な圧力をかけていた。

ポルシェ一行が、いつバーデンバーデンに再び赴いたかはっきりしない。恐らく12月に入ってからかと思われる。フランス側が用意した新しい宿舎ヴィラ・ベーラ・ヴィスタに泊まり、フランス側と会議すべくホテル・ミュエールを再度訪れたとき、フランス側の代表者はトレヴー中佐ではなくて、メッフル中佐とラミス中佐となっていた。しかも、会談はなんら進展を見せず、しらけたものになった。

メッフル中佐には権限がなく、技術陣は一人も出席せず、交渉は完全に頓挫した。そこで、ポルシェたちは1945年12月16日に引き上げることにした。

ポルシェ一行が帰国する前夜、12月15日(土曜日)夜、マルセル・ポール大臣の晩餐会がポルシェたちのために開かれた。その直後である。二人の私服刑事にポルシェ一行はその場で逮捕されてしまった。このときルコント中佐がちょうどホテルに到着し、この逮捕を目撃して周章狼狽して「とにかく諸君、気を楽にして。心配することはない。月曜日までの辛抱。すべて解決しますから」といった。

フェリーは書いている。「この逮捕令は法務大臣ピエール・アンリ・テジャンが発したものだったことはすぐにわかった」。1945年12月16日、彼らは地方の刑務所に移送された。しかし、なぜここで法務大臣が関与し、ポルシェ一行を逮捕することになったのであろうか。

ポルシェの伝記はこの間の事情を次のように述べている。

「ポルシェ教授は、ウィーンで弁護士をしていた義理の息子ピエヒ博士と秘書を連れてバーデンバーデンに向かい、当地のフランス人との交渉は、最初のうちは和やかな雰囲気の下で非常に具体的に行われた。ところが、そのフランスに政変が起こり、あっという間に情勢は極端から極端へと移り変わった」

ポルシェは理由もわからず、また聞かされもせずに、突然、息子とともに逮捕され(1945年12月16日のこと)、フランスの収容所に入れられた。ここで、伝記は政変といっているが、実際には政策の優先順位の変化である。

## ■ドゴール改造内閣による国有化政策の推進(1945年11月)

マルセル・ポール工業生産大臣のポルシェへの接触(企業の国有化政策)とピエール・アンリ・テジャン法務大臣によるポルシェの拘束(非ナチ化＝戦犯追及)とは、フランス共和国臨時政府(1944～46)から第四共和国(1946～58)の初期までのフランスの政情と深く関わる。

大戦中ロンドンに亡命していたドゴール将軍(1890～1970)は、1944年6月3日フランス共和国臨時政府を樹立し、1944年8月25日のパリ開放の翌日、8月26日には有名なシャンゼリーゼ凱旋行進を行った。44年9月9日には、ドゴールを首班とする臨時政府が組織された。

第二次世界大戦でフランスは大きな犠牲を払った。工業生産は1945年には1938年の半分以下となり、労働力の不足、設備の老朽化、石炭・鉱産物のストックはゼロとなった。

1945年10月21日、初めての婦人参政権の下で国民投票(新憲法制定の可否)と総選挙が行われた。総選挙の結果は、共産党が158議席、ドゴールの与党の新興カトリック政党(MRF)が152議席、社会党は142議席、急進派の花形であった急進社会党は激減して57議席であった。11月13日ドゴールは満場一致で首班に選ばれ、共和国臨時政府第2次ドゴール内閣が成立した。

ドゴール大統領の臨時政府の喫緊の政治的課題は、資源が不足し、生産が停滞していることから、まず経済問題が重視された。その中心政策が、大企業の国有化であって、これは共産党員である工業生産大臣マルセル・ポール[4)]を中心に推進された。この国有化政策には、戦争中の対独協力への懲罰(ルノー)、独占企業体制の打破(銀行・電力)、国家管理の導入(航空機・エールフランス)という目的があり、強力に推し進められた。

経済問題と並んでナチスに協力したヴィシー政権の追随者とナチス・ドイツへの協力者の追放も重要な政治的課題だった。これは法務大臣のピエール・アンリ・テジャンが推し進めた。

ところが、ドゴール大統領は軍事予算をめぐって議会と衝突し、1946年1月20日突如、辞任した。1946年1月26日、社会党のグーアンを首班とする社会党・共産党・MRF 3党連立内閣が成立する。1946年4月8日ポール工業生産大臣はガスと電気の国有化に着手し、「フランス電力」と「フランス・ガス」を創立している。

## ■ニュルンベルク裁判の開始(1945年11月)

1942年1月13日、ドイツ軍に占領されていた9か国(フランス・ベルギー・オランダ・ノルウェー・ギリシャ・ポーランド・チェコスロバキア・ユーゴスラビア・ルクセンブルク)の代表は、グローセル『ドイツ総決算』によれば、「大量の逮捕と追放、捕虜の射殺や大量虐殺」を挙げ、「命令遂行、参加を問わず、罪ある者あるいはこれらの犯罪に責任を負う者を、正規の法廷で罰すること」を「最も重要な戦争目的の一つ」とする、ロンドン宣言を調印した。

次いで1943年10月19日～10月30日まで、モスクワで米英ソ三国外相会議が開かれ、モスクワ宣言が出された。その中でナチスの収容戦争犯罪人およびユダヤ民族抹殺計画犯罪人への処罰が言明された。次いで1945年2月4日～11日、ルーズベルト，チャーチル，スターリンによるヤルタ会談で国際裁判所設置が具体的に言及され、三国の外相により検討されることになった。何度も折衝を重ねているうちに5月7日ドイツの無条件降伏を迎えるが、まだ国際裁判所設置のための協議は開催されない。

1945年6月26日に入って漸く動き出し、米最高裁判所判事ロバート・ジャクソン、英法務長官サー・デイビット・ファイフ、仏大審院判事ロベール・ファルコ、ソ連最高裁判所副長官ニキチェンコ少将の4名が、本会議だけでも16回開き、鋭い意見対立を何とか克服して、1945年8月8日にはロンドンにおいて戦犯協定が調印され、国際軍事裁判所条例が定められた。

1945年11月に始まったニュルンベルク裁判の光景。前列に生き残ったナチス幹部が並ぶ。

ニュルンベルク裁判とはナチス・ドイツによって行われた戦争犯罪を裁く国際軍事裁判であって、二つの裁判からなる。一つはナチス・ドイツの指導者たちゲーリング、ヘス、ローゼンベルクら全24名を裁いた「国際軍事裁判(IMT)」と、もう一つは連合

国によって裁かれた12のケース(医師裁判・法律家裁判・IGファルベン裁判など12類型の犯罪、全185名の裁判)からなる「ニュルンベルク軍事裁判(NMT)」とである。

前者の国際軍事裁判(IMT)は1945年11月20日から46年10月1日まで行われ、ゲーリング・リッペントロップ・カイテル・カルテンブルンナー(国家保安本部長官)・ローゼンベルク・フランク(ポーランド総督)・フリック(内相、ボヘミア・モラビア総督)・シュトライヒャー(大管区指導者・反ユダヤ紙編集長)・ザウケル(労働動員全権)・ヨードル(国防軍作戦部長)・ザイスインクヴァルト(オーストリア総督)・ボルマン(ナチス党官房長)の12名を絞首刑とした。後者のニュルンベルク軍事裁判(NMT)は1946年10月から49年4月まで行われ、24名を絞首刑とした。1945年6月5日、米英仏ソの4か国に「ベルリン協定」が調印され、ドイツはこの4か国に分割占領されることになった。分割の完了は1945年8月8日である。

## ■フランス議会におけるポルシェ問題の浮上(1945年10月)

マルセル・ポール工業生産大臣は、政府の主導によって小型車を開発すること、このプロジェクトにはドイツ人のポルシェ博士の協力を依頼することなどを、フランス議会の委員会の席上で明らかにした。ホップフィンガーによれば、この委員会の委員であった共産党の国会議員たちは、ポルシェがこのプロジェクトの中心的な顧問であることを知ったが、彼らは、ポルシェが戦時中フランスで「仕事」をしたドイツ人の一人ではないかと疑問を持った。直ちに、自動車産業界の党員とともに、秘密の調査委員会をつくり調査に乗り出した。

調査の結果、次の事実が浮かび上がってきた。戦時中ポルシェの設計した戦車がプジョー社のモントベリアール本社工場(ディジョン近傍。プジョー発祥の地)で生産されたことがあった。そのためポルシェは、1942年から43年の間、ほとんど毎月、この工場に出張してきた。この間、プジョー工場ではドイツの占領に抗議して2回のサボタージュが断行された。フェリーの自伝によれば、このときポルシェは、プジョー社の幹部を根こそぎ逮捕すれば仕事がストップしてしまうとゲシュタポに抗議した。

このサボタージュ闘争の結果、同社の三人の支配人が責任を取らされゲシュタポに逮捕・連行されたのち、強制収容所で殺された。同工場における2度目のサボタージュでは、最初のサボタージュ闘争のあとナチ突撃隊が同工場を占拠して支配下に置いて以後のことであるが、もはや生産が不可能なほど徹底的に自分たちの工場施設を破壊してしまったのである。このとき多数の逮捕者がでて、プジョー社の役員一人が死亡した。ポルシェはゲシュタポと交渉したが失敗した。

ポルシェに関わるこのような情報は、共産党の国会議員たちにとっては見逃すことはできない重要情報であった。このときの、フランス警察庁のトップも共産党員であった。この情報を受けた警察組織は素早く活動を開始した。
ポルシェたちは逮捕され、1945年12月15日夜のうちにバーデンバーデンの小さな牢獄の中で様々な人種の犯罪者たちと一緒に収容されてしまった。フランス警察庁は、すでに指摘したように、ナチス・ドイツへの協力者の追放という任務を持った、法務大臣ピエール・アンリ・テジャンの許可の下に行動を起こしたのであろう。
共産党の国会議員たちが、知っていて知らない振りをした、もう一つの事件もあった。それはポルシェが他ならぬプジョー社の社長ジャン・ピエール・プジョーの命を助けたことである。フェリーの自伝によれば、プジョーはスイスをチャンネルにしてウィンストン・チャーチルと接触しているというスパイ容疑をかけられた。ポルシェはこのときプジョー弁護に立ち上がり、ゲシュタポ長官ヒムラーに掛け合って無事プジョーを救出している。プジョーは、これ以外にも何度かポルシェに助けられていたので、感謝の意をこめて、1943年のフランスでは入手困難な新しいゴルフボールを1ダースポルシェに送っている。

## ■ポルシェの戦犯容疑による裁判(1945年12月)

ポルシェに「戦犯」の汚名が着せられてしまうと、工業生産大臣のマルセル・ポールも、もはやポルシェの助けで「国民車」をつくる計画を強行することができなくなった。
ポルシェの罪状は、ポルシェの伝記によれば「戦争中フランスの工場を接収し、フランスの労働者を搾取したことに対して責任がある」というものであり、フェリーによれば「フランス労働者を彼らの意思に反して強制的にヴォルフスブルクで働かせ、しかも彼らを国外追放者としてドイツに入国させ」、「それに加えて、父は何名かのプジョー社役員を無理に追放し、プジョー工場の機械類を不法に接収してドイツに移送してしまった」というものである。
1945年のクリスマスを、ポルシェ、フェリー、ピエヒらは一緒に、いかなる説明もないまま、バーデンバーデン近くのフランス占領軍の牢獄で迎えた。70歳の老教授は健康を害してしまい、年が明けて1946年2月、持病である胆嚢炎が再発して、バーデンバーデンの病院に運ばれた。
1946年3月、フェリーは仮釈放され、例のルコント中尉の引率で、シュヴァルツヴァルトのバート・リポルトザウにあるゾンマベルク・ホテルに移された。60室もある大きなホテルであるが、収容されたのはフェリーと3組の家族持ちのフランス人技術者だけで、後はフェリーらを監視する保安隊員2名、憲兵が2名、マルセル・ポール大臣の秘書格のルコント中尉である。
ルコント中尉はまだフランスの国民車製造に執着し、フェリーに協力をしつこく迫ったりしている。バート・リポルトザウで、フェリーは比較的自由な生活を送り、

1946年7月29日には釈放されて、一路、クルマでグミュントに戻って、カール・ラーベらと再会した。

終戦後、グミュントには、ラーベやミクルがいて、300人(ただしポルシェの自伝では40名から50名ともいっている)の従業員とその家族がいる。食料のほうは、ツェル・アム・ゼーのフェリー「農場」で、自給自足が可能であったから心配はなかった。

グミュントにあるポルシェ設計事務所の社員たちの仕事は、連合軍が好んで使用している〈キューベル・ワーゲン〉と水陸両用車の修理などであった。また、残されている戦車の部品を使って手押し2輪車をつくったり、近くの農業組合と結んで刈取機を製作したりして食いつないでいた。

1946年7月、フェリーがグミュントに戻ってからも、事態はこれまでとほとんど変わりはなかった。フェリーによれば、「私が工場に帰ってきたものの、主な仕事といえば、〈キューベル・ワーゲン〉と、何台かの乗用車の修理、それに農耕用機械の修理ぐらいのものだった。もちろん自動車の設計などの仕事は皆無だった」。

このときのフェリー最大の関心事は、父親の釈放であった。

ポルシェとピエヒは、1946年5月3日、バーデンバーデンの監獄から監視つきでパリに護送された。パリではぐっと待遇がよくなって、囚人としてではあるが、ルノーの別荘の門衛所に寝泊りさせられた。この間、ポルシェはルノー社の技術者たちの要請で、〈ルノー4CV〉の改良点をまとめて報告書を出している。それはサスペンション回り、重量配分、タイヤサイズ、大量生産方式などであった。この間も、ポルシェは公平な裁判の開始と自由を訴え続けるが無視された。

1947年2月17日、ポルシェはピエヒとともに、パリ近郊のマンドン刑務所に移され、その翌日、今度はリヨン駅から手錠をかけられ、警官に護衛されてディジョン刑務所に護送された[5)]。到着して直ちにポルシェは、M・レイモンド治安判事の執拗にして長時間にわたる尋問をうけて病気が再発し、2月24日、医師の診断を受け、医療設備のある看護施設に移された。

病状が少し回復すると、再びポルシェは5月31日から、「戦犯」容疑でM・レイモンド治安判事の長時間にわたる厳しい尋問を受ける。しかし、証人として呼ばれた多くの人たちが、ポルシェの無罪を主張したのである。プジョー社の二人の取締役は「戦時中、ドイツ政府がプジョー社の従業員たちを強制的にドイツへ連れ込もうとしたとき、それを中止させたのはポルシェ氏の努力によるものだ」と証言した。

プジョー工場のゲシュタポのチーフだったハルフは「ポルシェは、プジョーの会社のことで、不利、無実の事柄は、ただの一度もゲシュタポに報告したことがない」と証言し、プジョーの従業員を強制的にドイツに送り込んだという主張を覆した。

当時、通訳を務めていたメルレーは「フランス人労働者たちをドイツに送り込んだのは上級将校からの命令で、ポルシェはまったく無関係であったこと、またプジョー工場の機械類が強制的にドイツ国内に搬入されたのは、ドイツの軍需大臣からの直接命令によるもので、ポルシェはまったく無関係だった」と証言した。

ポルシェ自身も「プジョー工場の機械設備が撤去された時期、つまり1944年9月からプジョー社が開放されるまでの44年11月中のあいだは、自分もピエヒ博士もフォルクス・ワーゲンの運営に参加していなかった。この間の運営はノーク専務によってなされていた」と証言した。ピエール・プジョーも証人として法廷に出頭を命じられていたが、病気を理由に出頭しなかった。

ポルシェに対するフランス側(フェリーはプジョーが黒幕と見ている)の挙げる罪状は、ニュルンベルク裁判における「国際軍事裁判所条例」第6条の「b項戦争犯罪[6]」にかかわる「占領地所属あるいは占領地内の一般人民の奴隷労働その他の目的のための移送」および「公私の財産の略奪」にポルシェが深く関わっていると告発したのであるが、すべての証人がその罪状を全面否定したのである。これは正式の裁判ではなくて、予備審問であった。ポルシェの無罪はあきらかであったが、フランス側はポルシェをまだ釈放しない。

## ■〈チシタリア〉の設計とポルシェの釈放(1947年8月)

1946年7月29日のフェリーの帰還から暫くして、グミュントのフェリーの許にイタリアから古い友人が訪ねてきた。二人は、ポルシェ社の苦境を助けるべく、はるばるイタリアからやってきたのである。一人は、以前ポルシェ社の技師だったスポーツ

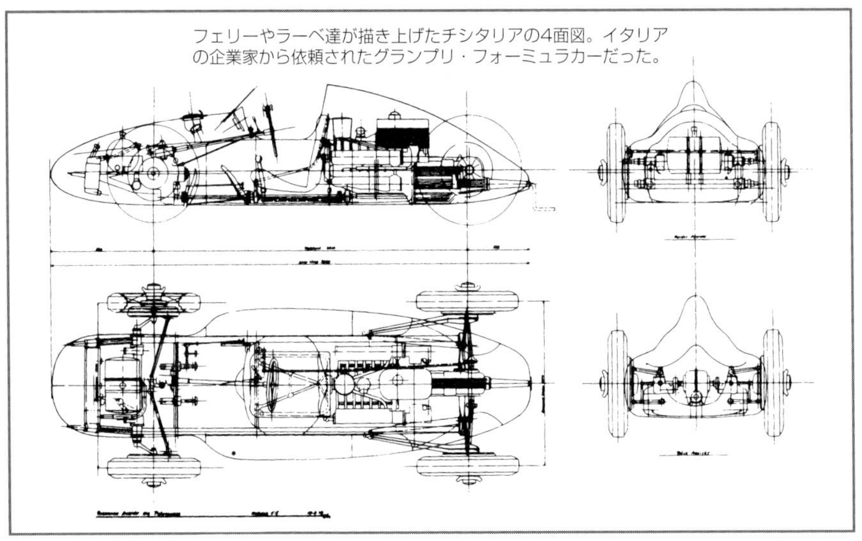

フェリーやラーベ達が描き上げたチシタリアの4面図。イタリアの企業家から依頼されたグランプリ・フォーミュラカーだった。

リアカウルをはずしたチシタリア。水平対向12気筒でスーパーチャージャー付。

カー・デザイナーであるフルシュカ、もう一人は、フェリーの旧友カルロ・アバルトである。

二人は、ポルシェ社を助けるべく、ポルシェ社のイタリア代表にして欲しいこと、もう一つはイタリアの裕福な繊維工場主ピエロ・ドゥシオのスポーツカー設計の依頼を持ってきたのである。ピエロ・ドゥシオの注文は、最新式のシャシー、スーパーチャージャー付き1,500ccエンジンを搭載したグランプリ・フォーミュラで、この計画は、〈チシタリア計画〉と呼ばれた。

1946年の秋の時点で、イタリア・オーストリア間の折衝は、鉄道も満足に走っておらず、クルマの移動に必要なガソリンも入手するのがむずかしく、困難を極めた。この困難を乗り越えて、この二人が交渉に当たってくれた。契約は1946年12月20日最終的な協議の末締結された。このとき、ポルシェはまだフランスに囚われの身である。

フェリー、ラーベ、ミクルたちは、この受注を機に「最も斬新なアイデアを織り込んだ」、「未来感覚を先取りしたグランプリカー」を完成させることを目指した。エンジンをミッドシップに配置し、4輪駆動、DOHC水平対向12気筒スーパーチャージャー付、1,493ccエンジンという仕様だった。このエンジンは、最高回転数は10,600rpm、最高馬力385hpというとてつもない性能だった。

フェリーは、フランス当局に繰り返し父親の釈放を要求していた。1947年の半ば、ようやく当局から回答があった。「目下裁判の準備中である、ただし100万フランの保釈金で一時的に釈放することもあろう」と。1947年の半ば、とは6月頃であろうか、こ

チシタリアはポルシェの設計番号ではタイプ360と呼ばれ1947〜49年まで開発された。

の時点で正式裁判はまだ「準備中」であった。

ポルシェは、結局、ディジョンの牢獄に5か月半ほど「戦犯」として拘束されたが、刑務所専任の聖ベネディクト修道会のヨハネス神父とポルシェは多くのことを話し合い、相互に深い信頼関係を築いていた。のみならず、ヨハネス神父はポルシェの面倒を細々と見た。ポルシェが、この時期を無事生きながらえることができたのは、ひとえにこの神父の尽力によるものであった。

「ドゥシオとの契約から、相当まとまった金額が入ることになった。恵みの金だった。その大方の金(実際は百万フラン)は父とピエヒ博士を釈放するため、保釈金としてフランス側に支払われた」

しかし戦後の混乱期で、オーストリアからフランスへと国境を越えての、このような大金の送金の方法が困難だったようだ。そこに救いの手を差し伸べてくれる人物が現れた。ポルシェを尊敬してやまない二人のフランス人である。一人は著名なレーシングドライバー、レイモン・ソム、もう一人はフランスの自動車ジャーナリストの長老シャルル・ファルーである。この二人が運び人になって保釈金を届けてくれた。

こうして、多くの人の善意に助けられて、ポルシェは帰還する。ポルシェはこのとき72歳の誕生日の1か月前である。「1947年8月に入って(1947年8月5日)、フランス軍当局はついに父を釈放した。父はまっしぐらにグミュントへ帰ってきた」。

ポルシェの拘束期間は1年と7か月20日ほどである。ただし、これはあくまで「仮釈放」であって、実は、この後1年ほどたった「1948年の遅く」(1948年の9月か10月頃か)、ポルシェ不在のまま正式な裁判がフランスで開かれ、“ポルシェ訴訟”は棄却された。

グミュントでは、フェリー、ラーベらが、ポルシェの到着を緊張して待っていた。ポルシェが直ちに仕事に取り掛かることは分かりきっていたからだ。まず見せなければならないものは、〈チシタリア〉の設計図であった。ポルシェがこの設計図を一体どう評価するか、フェリーらは緊張して待機していたのである。このときのことをフェリーは次のように書いている。

「しばらくのあいだ、父は無言で設計図を検討している様子である。私は待ちかねて、父の意見を尋ねた。父の答えは楽しそうだった。『わしがこの注文を受けたとしても、そうだなー、結局、この設計から一歩も出んだろうな。うん、なかなか立派だ！』」

これは父親の息子に対する“免許皆伝”の言葉であった。老ポルシェの健康は、長い過酷な牢獄生活で完全に破壊されており、フェリーの自宅・ツェル・アム・ゼーに近いキッツビューヘルの快適な病院で継続的な治療を受け、いささかは健康を取り戻した。医者はこの72歳の患者を、完治するまで静養させようとするのだが、ポルシェは一、二週間もすると、元気になったといって病院を抜け出し、グミュントで設計家たちと一緒に仕事を始める始末であった。

## ■〈ポルシェ356型〉の完成(1948年6月)

フェリーは、ドゥシオとの契約が結ばれたころ、ポルシェ社独自のスポーツカーを製作してみたいと決意していた。ポルシェ社が開発したスペースフレームのシャシー、フォルクス・ワーゲン(VW)のフロントアクスル、VWのエンジンなどを特色とした「ポルシェ社が精魂をこめて設計した第1号車」である。

このクルマがグミュント工場で完成したのは、1948年6月6日のことである。最高速度は128km/h、1,131cc、空冷水平対向4気筒、40ps/4,000rpm、アルミ製手づくりの二座席の〈ポルシェ・ロードスター〉は、ポルシェ設計事務所の通し設計番号(7番から始まっている)によって〈356型〉と呼ばれることになった。

チューリヒのフォン・ゼンガーはこの〈ロードスター〉を一目見て気に入り、一号車を入手する際に5台分の代金を支払い、クーペ型4台分を前金払いして発注してくれた

1948年グミュントでつくられ、356の原型となった通称ナンバー1と呼ばれた第1号車のクーペ。

356ロードスターの第1号車。ポルシェの名の付いた最初のクルマでもある。アルミボディで585kg、35hpのエンジンで135km/hを出した。そばにポルシェ親子とデザイナーのエルヴィン・コメンダが立っている。

後にグミュントに木型とともに展示されていたポルシェ356クーペ。手づくりのアルミ生地のまま。

1962年のポルシェ356B。エンジンが1.6リッター90hp、トップスピードも180km/hとなったが、基本のアーキテクチャーは変わらない。それどころかVWを低く改造したようなイメージもある。

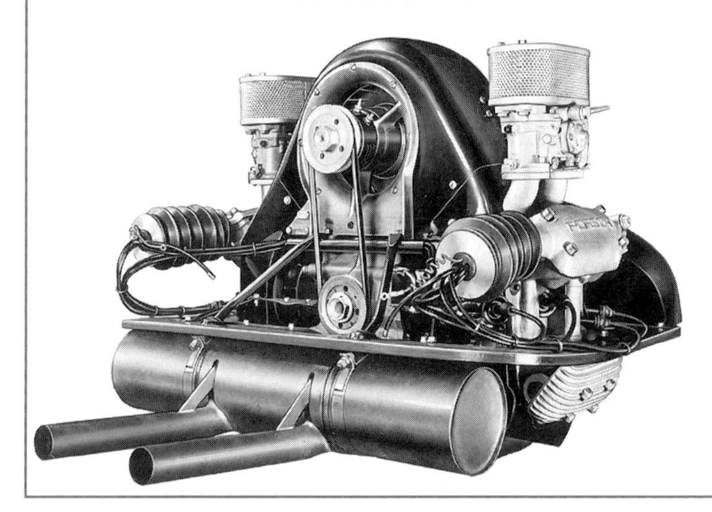

VW以来の空冷4気筒水平対向エンジンが356にも積まれていた。型ごとに排気量が増しパワーアップされていく。

のである。これで資金繰りは容易になった。フェリーらはフォン・ゼンガーに感謝をこめ、スイス・ポルシェ社の代表者に任命している。フェリーたちは、1948年から49年にかけて、このグミュント工場で〈356型〉を手づくりで50台完成させ、50台全部が予約完売となった。このクルマはエンジンを始めとして、〈VW〉をベースとしている。多くの部品が流用されたが、14年前に設計された〈VW〉は、それをベースにしてスポーツカーをつくり上げるだけのポテンシャルを持ったクルマだったのである。

## ■英国管理下でのVWの生産

ところで、廃墟と化したKdFワーゲン市では、英国の管理下にあって、何と〈VW〉の生産が続けられていた。この地区は英軍の占領下にあり、英国の軍政府が統治していた。1945年5月25日軍政府の第1回目の会議で、この地にあるヴォルフスブルク城に因んで、この街をヴォルフスブルクと命名した。この新生ヴォルフスブルクを自動車の街として蘇らせたのは、英国電気機械技術部隊の若い少佐、アイヴァーン・ハースト(1916〜2000)の力によるところが大きい。

英国陸軍は、ジープに匹敵する小型車を必要としており、ドイツを統治している軍政府に小規模なクルマの組立工場ができないかと問い合わせ、早くも1945年8月には、ハースト少佐を本国からドイツに派遣した。39歳の少佐がヴォルフスブルクの街と自動車工場との管理責任者となった。

ハーストは、修理班の若い士官たちがたまたま見つけた部品を使って〈キューベル・ワーゲン〉を1、2台組み立てていたこと、また

1946年3月には1000台目のVWを出荷。

ヴォルフスブルクの1947年の組立ライン。

博物館に展示される戦後間もないVWと木型。

1949年アムステルダムショー。VWと356が展示されている。

工場に残っていたドイツ人技術者たちが協力的であることも知っていた。ハーストは〈キューベル・ワーゲン〉の車台を使って、〈カー・デー・エフ・ワーゲン〉つまり〈VW38〉タイプのポルシェの〈フォルクス・ワーゲン〉を新たに製造し、軍の需要に応じようとしたのである。

ハーストたちは、このクルマを〈フォルクス・ワーゲン(VW)〉とか〈タイプ1〉とか呼んでいた。ハーストは、ドイツ労働戦線のエンブレム(丸い歯車で囲まれた「VW」の2文字、その周りに4つの模様がある)の、〈VW〉だけを残して、この2字を円で囲んだエンブレムをつくった。これが今日の〈フォルクス・ワーゲン〉のエンブレムとして定着した。

1945年の末までにヴォルフスブルクの工場では、新車の〈フォルクス・ワーゲン〉を1,785台もつくり上げていた。顧客は英国陸軍・軍政府、そして連合軍であった。

この1945年型の〈タイプ1〉が後の〈フォルクス・ワーゲン〉の基本となった。エンジンは1,131ccで25hp/3,300rpm、最高速度100km/h、平均燃費はリッター当たり12.7km、内装も外装も〈KdFワーゲン〉のセダンと同じである。

1,131ccエンジンとなったのは〈キューベル・ワーゲン〉のものを使用したからで、馬力と回転数が少し上がり、全長が150mm短くなっている。

こうしてヒトラーとポルシェの〈VW〉大量生産の夢が、戦後になって、英国人の手によって、実現されつつあったのである。ハーストは「この基本設計が新鮮」かつ「性能的に一歩進んでいる」と確信し、「フォルクス・ワーゲンの生産に全力をあげた」。

ハーストと士官3名、20〜30名の兵卒による、こ

オペルから移籍し初代VW社長に就任したノルトホーフ。

1955年正式にドイツ占領軍の管轄下から外れ民間企業となる。

の工場の支配管理者たちによって、1946年には何と1万20台を生産し、1947年には8,987台を生産した。そして、1948年1月1日、工場の支配権がドイツに返還される。

1948年1月1日、ハインリヒ・ノルトホーフ(1899～1968)がフォルクス・ワーゲン工場の総支配人となり、初代VW社の社長に就任した。この年には一挙に1万9,244台が生産され、1949年にはさらに伸びて、4万6,154台が生産された。ただし、ドイツは引き続き占領下にあった。

1949年5月6日、ドイツ連邦共和国(西ドイツ)臨時政府が成立し、5月8日西独憲法制定会議は基本法(憲法)を可決し、5月23日公布、翌日の24日から施行された。1949年9月21日、西ドイツは軍政から民政に移されるが、米英仏の高等弁務官の会議が最高管理権を持ち、ドイツの占領期は継続する。ドイツの占領期が完全に終了するのは、1954年10月23日、パリで調印された「ドイツ連邦共和国における占領状態の終結に関する議定書」が、1955年5月5日正午に発効したときである。

ちなみに、1950年の〈Volkswagen Beetle Sedan〉のデータは以下の通りである。エンジン排気量は1,131cc、燃料システムはソレックス気化器、ガソリンタンク容量40リッター、出力は25hp/3,300rpm、駆動方式は前進4速、シャシー・ボディは中央バックボーンフレーム・鋼製ボディ・トーションバー全輪独立懸架、ホイールベースは2,400mm、寸法・重量は全長4,070mm・重量720kg、最小回転半径は5.8m、最高速度105km/hである。

## ■ポルシェ・ノルトホーフの初会談(1949年10月)

フェリーは〈356型〉の生産継続のために、財政援助を求めて、オーストリア政府やクレデンシュタルト銀行、さらにはシュタイヤー、ダイムラーなどの自動車メーカーと交渉したりするが、いずれも話が合わない。

1949年3月ころ、ポルシェ持病の胆嚢炎が悪化し始めた。フェリーの観察では「気持ちは今までとそう変わらなかったが、もはや体力は衰えてしまっていた。事実、外見的にも、あの往年のバイタリティは、父のどこを捜しても見つけることはできなかった。(中

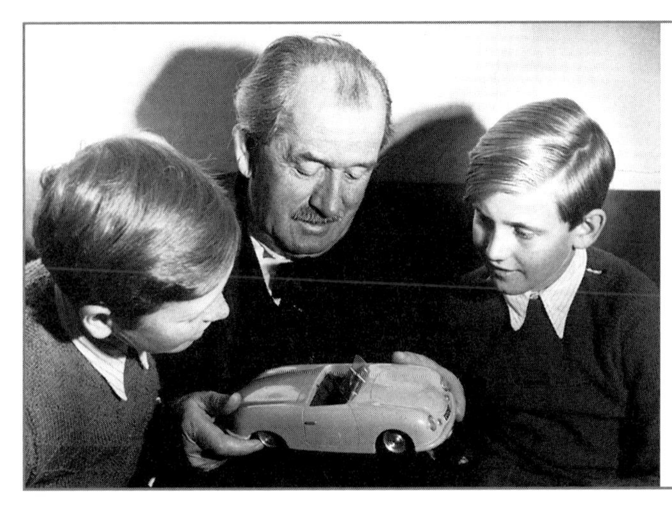

1949年、二人の孫に囲まれて356の模型を手にするフェルディナント・ポルシェ。

略)生産体制の統括やグミュント工場の運営に、私が全責任を負うことになった」。

フェリーは、2面作戦を取った。一つはヴォルフスブルクとの接触と、もう一つはシュトゥットガルトへの帰還である。どちらものんびりはできない。

1949年春(5月か6月頃か)、フェリーは目下製作中の〈356型〉の部品を供給してもらうべく、ヴォルフスブルクに〈VW〉社のノルトホーフ社長を尋ねた。フェリーは戦前ノルトホーフに会ったことがあり、ノルトホーフもフェリーのことを覚えていた。

二人の会談は和やかに始まった。二人は真剣に心の底から話し合うことができた。相互の基本的要求は了解済みとなり、そして1949年10月(日付明記せず)には、本契約のための会合が、ザルツブルクとミュンヘンの間のバート・ライヘンハルで持たれた。今度はポルシェ、ピエヒ、そしてフェリーが加わり、〈VW〉社側はノルトホーフと経営陣の一行である。

この1949年10月の会談で、〈VW〉生みの親ポルシェは、〈VW〉育ての親ノルトホーフと戦後初めて顔を合わせた。会談の前夜、短時間であったが、実質かつ重要な点で合意に達しており、翌日の契約書の批准はまことにスムーズに運び、調印はその日のうちに終わった。

その契約条項は、ポルシェの伝記によれば、①ポルシェ社はいかなる時点においても、VW車と競合するクルマを他の会社のために設計してはならない、②VW工場はポルシェのパテントのすべてを自由に使用して自動車の生産を行ってよろしい、③ヴォルフスブルクの工場で生産されたVW車に対しては、その生産台数に応じてポルシェ社に特許料を支払う、④ポルシェ社はスポーツカーの開発に際して、VWの部品を使用し、またVWのアフターサービス網を利用してもよろしい、⑤ポルシェ技術陣はVW

工場に対し助言を与える義務を負う。

この契約はポルシェ社にとっては、願ってもない好条件であった。VW社のアフターサービス網が利用できるようになった。VWの売り上げ台数に応じての特許料も入ってくるようになった。〈356型〉の製作に必要な部品を安心して入手することも可能となった。また、VW社とコンサルタント契約も結ばれた。

## ■シュトゥットガルトへの移転(1949年9月)

ポルシェ社が発展するためには、グミュントでは不便であった。グミュントは、冬季、豪雪と厳寒のためクルマのエンジンがかかりにくく、交通が不便であった。また、工場としても手狭であった。かくてフェリーらはシュトゥットガルトへの帰還を

1949年シュトゥットガルト・ツッフェンハウゼンのポルシェ工場の隣、ロイター社の工場の一部を間借りし356型の生産を始めた。356型は好評で、欧米各地から(金持ちばかりではあるが)注文が増えつつあった。少量生産のスポーツカーのため写真のように細部は手づくりで、生産ラインと呼ぶほどのものはない。

1950年代になるとツッフェンハウゼンの工場も占領軍から戻り、新たな建物も建設された。これはオフィスに使われていたもので，カブリオレの356型がずらりと並んでいる。

急ぐことになる。

すでに1949年7月の時点で、フェリーらはシュトゥットガルトの市長クレット博士にあてて、ポルシェ社の同市への移転・進出計画を提出している。市長はポルシェ社の移転を快諾し、しかもアメリカの軍政府との仲介の労も取ってくれた。この移転承認の時点で、直ちに、フェリーは動き出す。

まずシュトゥットガルトのホイエルバッハ通りにあるポルシェ家(市の管理下に置かれ、6名が在住)の空いているガレージを事務所にして連絡の本部とした。1949年9月3日のポルシェ74歳の誕生日の祝電もこの事務所から打たれた。

次いで、工場返還までの暫定措置として、シュトゥットガルト郊外のツッフェンハウゼンにあるポルシェ社の工場に隣接するロイター社のツッフェンハウゼン工場の一部を借りることにした。

フェリーらは不眠不休で、この空き地に仮小屋を建て、設計技師や営業マンが移動して、1949年9月にようやく開業の運びとなった。ボディは、自社でつくることを断念し、ロイター社に委託した。

ただし、1949年9月から直ちに〈356型〉の生産が可能となったわけではないようだ。フェリー自身が「1950年の春に完成した最初の〈356型〉」といっているように、第1号車ができ上がったのは、1950年春(3月説あり)のようだ。以降、この新工場での〈356型〉の月産は初めは8〜10台、後には80台となった。ただし流れ作業ではなかった。一人一人の手作業で、25時間かけてエンジンを組み立て、でき上がったエンジンには組み上げた人のイニシャルをクランクケースに打ち込んだ。ポルシェの伝記作家は、このような時代を、「創業時代」・「英雄時代」と呼んでいる。機械工業による量産ではなくて、手工業時代の最期の残り火と見ている。

1950年代半ばにはさらに本格的な第2工場が建設される。写真の幅が60mあるプロダクションホールは、第2工場で最初につくられたものだ。

営業活動の方は、フェリーの実科学校時代からの旧友、国民経済学者のアルベルト・プリンツィング教授が担当した。教授は、1950年には、〈VW〉社の販売網を利用して、ポルシェ車を購入したいと思っている顧客と接触すべく、ドイツ中をまわって歩き、37台の予約を取ってきた。この〈356型〉は予想(最初の2年間で500台)より、遥かに売れ行きが良かった。

米軍からの工場返還の方は、国際政治状況に翻弄されて、なかなか順調には進まなかった。1949年8月13日、市長は軍政府から「相応の処置が取られるであろう」との回答を受け取った。1949年9月15日にポルシェ社は軍政府から最初の正式な回答を受け取った。「目下、当工場はアメリカ軍により全面的に使用されており、それは恐らく1950年

1950年シュトゥットガルトの自宅、ガレージ前のポルシェとグミュント製の356型。

7月1日まで続けられるであろう」ということだった。1950年2月23日、市長のクレット博士がヴュルテムベルク・バーデンのアメリカ軍司令官ファンク将軍と会談した際、将軍は「撤去は遅くとも1950年9月1日になろう」といった。しかし、朝鮮戦争(1950年6月25日～51年7月10日休戦会談開始)が始まってしまい、返還は予定日になっても行われなかった。

フェリーは「1950年に、われわれはポルシェ有限会社と呼ぶ新しい会社組織にした。VW社のコンサルタント会社にふさわしい名称になり、仕事もしやすくなった」と述べている。「ポルシェ有限会社」の創立を1947年とする説もあるが、フェリー本人は自伝で「1950年」といっている。

ポルシェがいつシュトゥットガルトへ帰還したのかはっきりしない。ホップフィンガーによれば、医者やポルシェ夫人の心配をものともせず、シュトゥットガルトとツェル・アム・ゼーの双方を根拠地にしていたともいう。

1950年9月3日、シュトゥットガルトでポルシェは75歳の誕生日を祝った。全ドイツからポルシェ356型のハンドルを握るメンバーがシュトゥットガルト近郊のゾリチューデ城の前に結集した。唯一の例外は、〈メルセデス〉に乗った名ドライバーのルドルフ・カラチオラが颯爽と駆けつけたことである。そこに「ポルシェ教授はやってきた。彼はそれにすっかり感動して、1台1台のクルマに向かって手を差し伸べ、すべての人と二言三言言葉を交わした」。「これが第1回目のポルシェラリー」である。「1950年には、ポルシェのドライバー間に、ヘッドライトの点滅による挨拶がすでに一般化していたし、時にはクルマを止めて自動車の話に花を咲かせることもあった」という。

## ■ポルシェの死(1951年1月)

天才ポルシェの死は、われわれ第三者の言葉ではなくて、その場に立ち会った息子フェリーに語ってもらうに如くはない。以下に、ポルシェの最晩年の姿をフェリーの自伝によって、いくつかの段落に分けて、引用しよう。

「1950年10月の初め、父は秘書の私の従兄弟ギスライネ・ケースを伴って、パリの自動車ショーを見に出かけた。(中略)プリンツィンク教授もパリに行ったが、私は商用でイタリアに行かねばならず、ショーは見られなかった。(中略)1950年の11月(日付なし)には、われわれはノルトホーフと〈フォルクス・ワーゲン〉とを訪ねてヴォルフスブルクへ行った。フォルクス・ワーゲン工場の驚くべき成功を目前にするのは、父は戦後初めてのことである。父はくまなく工場を見て回った。目にするものはすべて彼に深い満足感を与えた。それこそ、父のライフワークの一部に他ならなかったからである。だが、これが父の最期の旅になってしまった。11月19日、われわれがシュトゥットガルトへ戻ったその晩だった、父は突然発作に襲われ、重態に陥ってしまった」

フェリーの回想は続く。

「そのときから、父は健康を害し半身が麻痺してしまった。幸いなことに、シュトゥットガルトの家に戻って来ていたから、24時間看護が可能だった。悲しいことに、父の病気は全く回復の兆候を示さなかった。それどころか、かえって、それも急速に悪化の一途をたどるのみだった。(中略)父の生涯の最後の3か月(正確には2か月11日)は、ベッドに伏したままの生活になってしまった。それでも、この悲しい闘病の間に、父は、『医者がどうしてわしの病気を治せないのか、少なくとも、少しでも良くすることができないのか』と、もう我慢がならないと怒ったこともあった。父は、人間の体を自動車の構造と同じように考えていたのかもしれない。故障したら部品を交換すれば治る。『どんな故障だって治るじゃないか。それなのに、医者は何をしているのだ。どうしてわしを治せないのだ』」

「1950年のクリスマスと1951年にかけての正月を、父はわれわれ家族と一緒に過ごした。だが、1月の末になると、父の病気はだんだん悪化しだした。そして、シュトゥットガルトのマリエン病院に入院した。ここで、生涯最後の1週間を過ごし、1月30日息を引き取った」

1951年2月4日、シュトゥットガルトの聖ゲオルク教会で葬儀が行われた。式場に多くの人たちが集まった。そのなかにはノルトホーフVW社長、シュトゥットガルト市長などの姿があった。ディジョン刑務所のベネディクト教団のヨハネス神父(最後の病床に駆けつけポルシェを喜ばせた)が弔辞を唱え、運輸大臣ゼーボームが告別の辞を述べた。「私たちは偉大な設計家の棺の前にいるだけではなく、自動車の英雄的時代を彼とともに墓へ送るのです。(中略)私たちの前に安らかに眠っておられる方は、運命の祝福を受けて、その発明的天賦の才能が自動車に向けられ、それに一切の創造力を注いで天寿を全うされました」。こうして、その後ポルシェ社の製作責任はフェリー・ポルシェの肩にかかった。

ポルシェの意思でツェル・アム・ゼーの教会の墓地にポルシェの棺が納められることになり、葬儀の後、クルマの葬列はツェル・アム・ゼーに向かった。しかし、まだチャペルの準備ができていなくて、2月5日、一時、近くの墓地に仮埋葬された(本葬は1年後になった)。

こうして天才ポルシェはその生涯を閉じたのである。

## ■ポルシェ社とVW社のその後

ポルシェ社は、後は父のポルシェ時代に代わって、その息子フェリーの時代、〈VW〉ではなくて、ポルシェ〈356型〉や〈911型〉のスポーツカーの時代となる。

ノルトホーフが率いるVW社のほうは、アメリカ式生産方式をさらに発展させて、量産システムを確立させて〈VW〉は、世界的なベストセラーカーとなった。輸出に力を注いだせいでもあるが、サービス体制と販売体制の確立など、ヨーロッパの自動車メーカーのなかできわめて積極的に活動して成功した。それも、〈VW〉という単一車種の生産・販売に徹したからである。

1972年に単一車種の販売としては1,500万台を突破して、それまでのT型フォードの記録をぬりかえた。1930年代に設計されたクルマが、戦後に発売されてから20年以上も、世界のベストセラーカーとしてユーザーに支持されたのは、いかに合理的な機構であり、性能的に優れていたかの証明である。

1950～70年代にかけて世界的なベストセラーとなったVWは、輸出によって西ドイツの復興に大きな貢献をした。

VW社は、〈VW〉に代わって、1974年にはFF方式にした〈VWゴルフ〉を発売するが、この成功によって、ドイツにおける販売台数はずっとトップを維持してきている。しかも、後にはアウディなどのメーカーも傘下におさめて、世界的にも有力な自動車メーカーであり続けている。

ポルシェ社のほうは、その〈VW〉をベースにしたスポーツカーで成功して、少量生産ではあるが自動車メーカーとしての歩みをスタートさせた。〈KdFワーゲン〉の開発中に企画された「ベルリン～ローマ」の公道レースのために〈ポルシェタイプ64〉がつくられたが、これも〈VW〉をベースにしたスポーツタイプであった。ポルシェ社では、これと同じように〈VW〉をベースにしたスポーツカーの〈356型〉でマニアたちの心をつかんだ。

この〈356型〉が各地のレースで好成績を上げて、ポルシェの人気が高まり、自動車メーカーとしての独自のポジションを占めることができたのである。

その〈356型〉の成功を元に開発された高性能スポーツカーがポルシェ〈911型〉であるが、これも〈VW〉からの伝統を引き継いだリアエンジン・リアドライブ車であった。エンジンは4気筒から6気筒になったが、空冷水平対向であることなども〈VW〉と同じであった。

自動車メーカーとしてのポルシェのほかに、ポルシェ設計事務所の流れを継承しているのが、ポルシェ・エンジニアリング・サービスである。

こちらは、各自動車メーカーに技術などを提供するものであり、同時に自動車レース車の開発もしている。ポルシェが、他のメーカーにない独自の高級スポーツカーと

左端の1938年製KdFワーゲンから1975年のフォルクス・ワーゲンまで主要モデルが勢揃いしている。

1951年のル・マンを走る356型改造レーシングカー356SL。

ル・マンに出場した356SL。ホイールハウスもカバーされている。

してのブランド性を確保することができたのも、高性能なポルシェ〈911型〉の開発に成功したからだけでなく、世界的な自動車レースで輝かしい成績を上げたことが寄与している。

そのポルシェとVWの二社は、部品の供給などで長いあいだ提携関係にあったが、21世紀になって、その関係はいっそう緊密になった。

一時的に経営危機に陥ったことのあるポルシェ社は、売れ行きが好調となり、これまでにないほどの高収益を上げている。そうしたなかで、国際的な競争が激しくなり、これまでの提携関係から一歩進めてポルシェ社がVW社の株を30%以上所有し、

ポルシェカレラ356Cカブリオレ。当時のスパルタンなモデルだ。

1965年には空冷水平対向6気筒の911シリーズが発売された。(並んだ356型の前)。

関係会社化して、両社が一丸となって、国際的に有力な自動車メーカーに対抗していこうとしている。

ポルシェ社は、もともとポルシェ一族がその株式を所有しているが、その中で存在感を強めているのがピエヒ家である。フェルディナント・ポルシェの娘であるルイーズと結婚したアントン・ピエヒ(1894～1952)は、ポルシェ一族とともに活躍していたが、その子供であるフェルディナント・ピエヒは、技術者として頭角を現しただけでなく、アウディの社長となり、〈アウディ・クアトロ〉などの開発を指導し、アウディの高級車としてのブランド性を高めた。

そうした実績が認められてVW社の社長になったピエヒ(1937～2019)は、ポルシェ社の監査役会の会長もつとめるなどポルシェとVWの両メーカーに大きな影響力をもっていた。

1954年にポルシェはキューベル・ワーゲンの後継のような4WD車JagdWagenを開発した。ポルシェ設計ナンバー597。

つまり、ポルシェとVWは、戦後別々の道を歩むことになったが、21世紀になって、再び協力してグローバルな自動

車業界のなかで活動していくことになったのである。これも、ポルシェの遺産のひとつということができるだろう。

註

1)アルベルト・シュペーアAlbert Speerは、建築家として著名、ヒトラーと知り合いベルリンの建築計画を話し合い意気投合、それが機縁となってナチス政権に取り込まれて各種大臣を歴任、ナチス党にあって唯一の知識人であり、ニュルンベルグ裁判で禁固20年の判決を受けて服役、1966年に釈放され、ヒトラーとの関係などを記した著書『ナチス狂気の内幕』(品田豊治訳、1970年、読売新聞社)で知られている。ナチス政権の罪を認めた人物であるとともに、ヒトラーの取り巻き連中の狂気ぶりなどが活写されている。

2)マルセル・ポールMarcel Paulは1945年11月21日にドゴール臨時政府の工業生産相に就任している。ところが1945年11月初め(おそらく5日ころ)にルコント中尉がポール大臣の代理としてツェル・アム・ゼーにやって来てフェリーと会見している。フェリーの記述が間違いがないとすると、ポール大臣は就任以前に大臣を名乗り、活動していることになる。これはつまり1945年10月21日の総選挙の結果、第1党となった共産党は、入閣する大臣を、10月中にはすでに決定していたのかも知れない。

3)ポルシェ夫人の結婚前の名前はAloisia Johanna Kaesであり、ポルシェの忠実にして敏腕な秘書Ghislaine Kaesと技師のHerbert Kaesは兄と弟で、フェリーのいとこに当たる。ギスライネはイギリスで生まれ、イギリスで教育を受けイギリス国籍をもち、完璧な英語を話す。

4)マルセル・ポールの工業生産相の在任は1945年11月21日(ドゴール内閣。46年1月26日まで)から、次のグーアン内閣(46年1月26日〜46年6月24日)でも留任し、次のビドー内閣(46年6月24日〜46年12月16日)まで、つまり45年11月21日から46年12月16日まで在任。なお、テジャン法相も同じ任期である。この間にヴォルフスブルク工場の半分をフランスに移転させ、国営化政策の要として、国営の自動車工場をつくり、ポルシェの協力を得ようとした。

5)ポルシェがディジョンの牢獄に送られたのは、プジョー社のモントベリアール工場がディジョン近傍にあり、かつポルシェが戦時中この工場にかかわっていたからであろう。裁判の便宜を考慮してであろうか。

6)「国際軍事裁判所条例」第6条のa項(平和に対する罪)、b項(通例の戦争犯罪)、c項(人道に対する罪)を、日本では誤って、A級、B級、C級と訳した。

# 参考文献


R・v・フランケンベルク『F・ポルシェ－その生涯と作品』中原嘉浩訳、二玄社、1972。Richard von Frankenberg“Die ungewühnliche Geschichte des Hauses Porsche”Stuttgart、1961。

ジョン・ベントリー『ポルシェの生涯－その苦悩と栄光』大沢茂・斉藤太治男訳、南雲堂、1980〔フェルディナント・ポルシェの長男、フェリー・ポルシェの回想録〕。

John Bentley“We at Porsche The Autobiography of Dr.Inghc.Ferry Porsche with John Bentley”NY.1976。

K・B・Hopfinger“Beyond Expectation The Volkswagen Story”London、G・T・Foulis&CO・LTD、1956。

ジェリー・スロニガー『ワーゲン・ストーリー　ビートル誕生からゴルフまで』高斎正訳、グランプリ出版、1984。

田口憲一『VW　世界を征す』新潮ポケット・ライブラリ1964。

大島隆雄「両大戦間期のドイツ自動車工業」(1)、(2)、(3)、『愛知大学法経論集』126-128(1992)。

大島隆雄「第二次大戦中のドイツ自動車工業」(1)、(2)、『愛知大学経済論集』132(1993)。

大島隆雄『ドイツ自動車工業成立史』創土社、2000。

西牟田祐二『ナチズムとドイツ自動車工業』(有斐閣1999)。

西牟田祐二「ダイムラー=ベンツA.G.の成立」『社会科学研究』38-6(1987)。

西牟田祐二「ダイムラー=ベンツ社の経営戦略　1920年代」『社会科学研究』39-1(1987)。

西牟田祐二「ダイラー=ベンツ社の経営戦略　1930年代」『社会科学研究』39-3(1987)。

西牟田祐二「軍需企業としてのダイムラー=ベンツ社」『社会科学研究』40-6(1989)。

古川澄明「フォルクスワーゲンヴェルクの成立過程」『六甲台論集』26-2、27-4(1978)。

古川澄明「ナチ・レジーム初期におけるヒトラーの<ドイツ国民車>構想へのナチ政権の取組み姿勢」『鹿児島経大論集』25-3、1984。

古川澄明「ナチの《ドイツ国民車》事業に関する西ドイツ連邦文書館所蔵の検討」『鹿児島経大論集』25-4(1985)。

古川澄明「ドイツ自動車産業界の《国民車プロジェクト》の発足」『鹿児島経大論集』26-1(1985)。

古川澄明「ドイツ自動車産業界の《国民車プロジェクト》の展開」(Ⅰ)、(Ⅱ)、(Ⅲ)、(Ⅳ)『鹿児島経大論集』26-2、3、4、27-1(1985)。

古川澄明「ドイツ自動車産業界の《国民車プロジェクト》の挫折」(Ⅰ)、(Ⅱ)『鹿児島経大論集』27-2、3(1986)。

H・Mommsen / M･Grieger“Volkswagenwerk und seine Arbeiter im Dritten Reich”　Düsseldorf、1996。

折口透『ポルシェ博士とヒトラー』グランプリ出版、1988。

折口透『自動車の世紀』岩波新書、1997。

W・ザックス『自動車への愛　二十世紀の願望の歴史』土合文夫・福本義憲訳、藤原書店、1995。

国土交通省道路局監修『道路行政(平成15年版)』全国道路利用者会議発行、2004。

フリッツ・トット「民族社会主義国家の道路政策」『新独逸国家大系　第10巻政治篇2』日本評論社1940(原書初版1939)。

ヘルマン・シュライバー『道の文化史』関楠生訳、岩波書店、1962。

Richard Vahrenkamp,Tourist Aspects of the German Autobahn Projekt1933 to1939.〔11Jan2007〕。

Richard Vahrenkamp,Die Chiemsee-Autobahn Planungsgeschichte und Bau der Autobahn München-Salzburg 1933-1938(from・aus、google)。
Arend Vosselman,Reichsautobahn-Schünheit・Natur・Technik,ARNDT-Verlag,2005。
GP企画センター編『自動車用エンジン　半世紀の記録』グランプリ出版、2000。
工藤章『現代ドイツ化学企業史-IGファルベンの成立・展開・解体-』ミネルヴァ書房、1999 。
ブロック・イェイツ『エンツォ・フェラーリ　跳ね馬の肖像』桜井淑敏訳、集英社文庫、2004。
ユルゲン・クチンスキー『ドイツ経済史』高橋正雄・中内道明訳、有斐閣、1954。
芝健介『武装SS　もう一つの暴力装置』講談社メティエ、1995。
ジョージ・H・スティン『詳解　武装SS興亡史』吉本貴美子訳、学習研究社、2005。
朝日新聞東京本社企画第一部編『Porsche：Technology and Designスポーツカーの美学－フェルディナント・ポルシェ博士の遺産』朝日新聞社、1990。
ヨハヒム・フェスト『ヒトラーⅠ～Ⅱ』赤羽龍夫他訳、河出書房新社、1975。
ジョン・トーランド『アドルフ・ヒトラー〔Ⅰ～Ⅳ〕』永井淳訳、集英社文庫、1990。
ヴェルナー・マーザー『ヒトラー』村瀬興雄・栗原優訳、紀伊国屋書店、1972。
ジェイムズ・プール、スザンヌ・プール『ヒトラーの金脈』関口秀男訳、早川書房、1985。

# あとがき

このポルシェ論は、ナチス政権下における「精神的抵抗＝国内亡命Innere Emigration」論の一環としてまとめられたものである。
「精神的抵抗」論に関する既発表のものには技術・工学分野がカバーされておらず、ここにその分野の代表的人物としてフェルディナント・ポルシェを取り上げた。元来、学術論文として書かれたものであるが、出版社の要望により、ポルシェと自動車の関係を中心にして一部書き直したところがある。人名や地名なども、同じく編集部からの要請に応じて直している。

ところでフェルディナント・ポルシェに関する幾つかの書物や論文を読み進めてみると、同じ一つの事柄についてさえ、様々な説が錯綜して定説というべきものが存在しないかのように見え、かつ、ごく最近出版された「一流」の出版社の書物にも、ことポルシェに関して、明らかな間違いと思われる文章に遭遇することが多かった。この論考は、従って、まずこの錯綜する情報の整理に筆が費やされた。ポルシェに関して少しでも正確な情報を集積したいとの願望が比重を占めることになって、このような形になった。つまりポルシェの精神的抵抗の叙述よりも、ポルシェの生涯をできるだけ正確に辿るという「事実の確認」が先行することになった。また各時代の政治的背景の叙述に筆を費やしている部分が目立つかも知れないけれど、敢えて政治的文脈の中にポルシェ個人を置いてみたかったからである。

フェルディナント・ポルシェに関する最も基本的な資料は、まず、R・v・フランケンベルク『F・ポルシェ－その生涯と作品』(1972)(本書の中の「ポルシェの伝記」に該当)であって、この原書が、Richard von Frankenberg“Die ungewöhnliche Geschichte des Hauses Porsche”(1961)である。本書はフェルディナント・ポルシェの生涯に関する、最も信頼すべき著作である(邦訳文も正確で信頼に足る)。しかしながら、敢えて問題点を指摘すれば、レースに関しては大変詳しいが、全体的にやや簡潔に過ぎる点が惜しまれた。

この欠陥を充分に補うのが、フェルディナント・ポルシェの長男、フェリー・ポルシェの回想録であるジョン・ベントリー『ポルシェの生涯－その苦悩と栄光』(1980)(本書の中の「フェリーの自伝」に該当)である。この英語版原本が、John Bentley“We at Porsche The Autobiography of Dr.Ing.hc.Ferry Porsche with John Bentley”(1976)である。この回想録の唯一の欠点は、貴重な証言や資料をふんだんに含みながらも、記憶違いがあったり、日時が明記されていない点である(また邦訳版は、抄訳であり誤訳もみられる)。

以上の欠陥を補うために、私が参照したのは、ポルシェの生涯全般にわたっては、K・B・Hopfinger“Beyond Expectation The Volkswagen Story”(1956)(本書の中の「ホップフィンガー」に該当)と、ジェリー・スロニガー『ワーゲン・ストーリー　ビートル誕生からゴルフまで』(1984)の二書である。両書には全面的に助けられた。また田口憲一『VW　世界を征す』(1964)も使用したが、まま潤色に過ぎる点に不満が残った。

フェルディナント・ポルシェの生涯中、とくに〈フォルクス・ワーゲン〉に関する部分では、大島隆雄教授の「両大戦間期のドイツ自動車工業」(1992)や、西牟田祐二教授の『ナチズムとドイツ自動車工業』(1999)、浩瀚な書物モムゼン／グリーガーの"Volkswagenwerk und seine Arbeiter im Dritten Reich"(1996)、緻密な論考である古川澄明教授の「ナチ・レジーム初期におけるヒトラーの〈ドイツ国民車〉構想へのナチ政権の取組姿勢」(1984)など、そして折口透『ポルシェ博士とヒトラー』(1988)、同『自動車の世紀』(1997)などに依拠した。そのほかWikipedia、これは不思議な辞典であって、とくにドイツ語版、英語版の様々な項目は、出典を明記し、大変充実していて参考になった。これらの書物や研究に助けられて、ともかく、ポルシェの生涯を何とかたどり終えたが、ポルシェに関しては、そのほか多数の文献が存在するものの、入手できない書物が多く、気掛かりではあったが、諦めざるを得なかった。

ところで本書では、ポルシェを「平服をまとった精神的抵抗の工学者」と位置づけている。モムゼンの指摘するようにSSであることを知っていて敢えて平服で押し通したとするのは、私には納得しがたいところがあった。それにしても、ポルシェのヒトラー政権への関与は並々ならぬものがあるのだが、その関心は、専ら、工学・技術にのみ関わり政治には一切、全く関心を持たない態度である。こういった「政治的無関心」は、アメリカの政治学者ハロルド・ラスウェル『権力と人間』(1969)によって、「無政治的態度apolitical attitude」すなわち、「学問・技術・芸術・経済・宗教などの他の価値に対する排他的傾倒によって政治に関心を持たない場合」と名づけられており、まさにポルシェの場合に当てはまる。国民車開発に関してシュライヒャー、スターリン、ヒトラー、ドゴールと「超一流！」の政権(ただしシュライヒャーは三流である)と性懲りもなく関わっていくのは、スロニガーの指摘するように、こうした技術至上主義＝無政治的態度によって、「権力」とも手を結ぶことを可能にするからだろう。その意味で、ポルシェの第三帝国への加担は、あくまで技術的な次元にのみ関わるものであった。2013年、著者はポルシェを含むこの７名にE・R・クルティウスを加えて『ナチス時代の国内亡命とアルカディアー- 抵抗者たちの桃源郷』(明石書店)を著した。ここではヒトラーの挑発に挑戦してVWを開発するポルシェ(本文61－65頁参照)を「根っからの職人気質の天才的技術者、かつ徹底的な非政治的人物でナチス・イデオロギーを完全に無視した人物」であることを明らかにしている。

ポルシェにしてみれば、「顧客」は向こうからやって来るのであって、ポルシェはひたすら、「工学＝技術」面での最善を尽くせば良いだけということになる(これがポルシェのナチス政権への加担の実相である)。すでに引用したが、ヒトラーとの関係の部分をモムゼンの文で示せば、「アドルフ・ヒトラーでさえ、この著しく年上のポルシェの発する放射熱に負けてしまい、ポルシェに対して絶大な尊敬の念を抱いたのである(モムゼン S906)」。つまり、ポルシェの恐るべき「人間的魅力」については、モムゼンが明らかにしているが、権力・悪魔のほうがポルシェの「人間的」魅力に負けてしまい、「地獄に工場を建て」たりしてポルシェを積極的に援助することになったのである。

三石 善吉

〈著者紹介〉

**三石 善吉**(みついし・ぜんきち)

1937年6月長野県生まれ。

1971年東京大学大学院人文科学研究科博士課程単位取得満期退学。

1972年東京大学助手(文学部)、1976年筑波大学社会科学系(政治学専攻)助教授、1985年教授。1998年東京家政学院筑波女子大学(現筑波学院大学)国際学部教授。2008年筑波学院大学学長、2012年同大学学長任期満了退職。筑波大学名誉教授、筑波学院大学名誉教授。中国・ドイツの政治思想研究者。現在G.シャープに導かれて非暴力国家防衛の研究に従事。

主な著書に『中国の千年王国』(東大出版会1991。韓国語訳、高麗大学1993。中国語訳、上海三聯書店1997)、『伝統中国の内発的発展』(研文出版1994。中国語訳、北京中央編訳出版社1994)、『中国、一九〇〇年 - 義和団運動の光芒』(中公新書1996)、『ポルシェの生涯 - その時代とクルマ』(グランプリ出版2007)、『ナチス時代の国内亡命者とアルカディアー - 抵抗者たちの桃源郷』(明石書店2013)、『武器なき闘い「アラブの春」- 非暴力のクラウゼヴィッツ、ジーン・シャープの政治思想』(阿吽社2014)、『フィンランド　武器なき国家防衛の歴史　なぜソ連の<衛星国家>とならなかったのか』(明石書店2022)など。

主な訳書にR・ドーソン『ヨーロッパの中国文明観』(田中正美・三石善吉・末永邦明訳、大修館書店1971)、J・スペンス『中国を変えた西洋人顧問』(講談社1975)、厳家其『首脳論』(三石善吉・藤谷浩悦・鐙谷一・中前吾郎訳、学生社1992)、G・シャープ『市民力による防衛 - 軍事力に頼らない社会へ』(法政大学出版局2016、重版2023)など。

**ポルシェの生涯**
**その時代とクルマ**

著　者　　三石善吉
発行者　　山田国光

発行所　　株式会社グランプリ出版
〒101-0051　東京都千代田区神田神保町1-32
電話 03-3295-0005(代)　FAX 03-3291-4418
振替 00160-2-14691

印刷・製本　モリモト印刷株式会社　　編集　松田信也／小林謙一

1948 年に息子のフェリー・ポルシェによって設計された 356 の第 1 号車（通称ナンバー 1）

このページに掲載した 2 点の写真は、ドイツのポルシェ社に保管されている公式写真であり、356 の第 1 号車と明記されている。後に生産された 356 につながるリアに搭載されたエンジンや曲面構成によるボディデザインなど、すでに初期の段階で決定されていたことが興味深い。フロントウインドーは 2 分割タイプであり、この第 1 号車はオープンボディであるが、他にはクーペもつくられている。極く初期のモデルには、フロントのナンバープレート部分に後のモデルにはない独特なデザインのグリルが付いている。

この第 1 号車には 356 に見られるエンジン上部のグリルはなく、ストップランプのレンズ類なども全く異なる。この後生産された 356 は、スポーツカーとして欧米を中心に認められ、エンジンの排気量を拡大しながら、走行性能を向上し、細部の改良を続けながら、シリーズ化されてレースの舞台でも活躍した。1963 年には、この 356 の進化型としてフェリー・ポルシェ主導によって開発された 911（発表時は 901 と称した）は、現代に繋がるポルシェ社を代表するスポーツカーの旗艦車種としておおきな成長を遂げることになるのである。〔上／下写真解説文：編集部〕